THINKr

新思

新 一 代 人 的 思 想

PHILOSOPHY
FOR LIFE

生活的哲学

［英］朱尔斯·埃文斯 著

贝小戎 译

中信出版集团｜北京

图书在版编目（CIP）数据

生活的哲学 /（英）朱尔斯·埃文斯著. 贝小戎译
. -- 北京：中信出版社，2016.11（2025.3重印）
书名原文：Philosophy for Life: And Other
Dangerous Situations
ISBN 978-7-5086-6771-3

I. ①生… II. ①朱… ②贝… III. ①人生哲学－通
俗读物 IV. ① B821-49

中国版本图书馆 CIP 数据核字（2016）第 235547 号

生活的哲学

著　　者：[英] 朱尔斯·埃文斯
译　　者：贝小戎
出版发行：中信出版集团股份有限公司
　　　　　（北京市朝阳区东三环北路 27 号嘉铭中心　邮编　100020）
承 印 者：北京通州皇家印刷厂

开　　本：880mm×1230mm　1/32　印　张：10　　　字　　数：154 千字
版　　次：2016 年 11 月第 1 版　印　次：2025 年 3 月第 22 次印刷
京权图字：01-2012-7737
书　　号：ISBN 978-7-5086-6771-3
定　　价：58.00 元

"夜幕降临时，我回到家，走进我的书房。我在书房门口脱掉我沾满泥、汗乎乎的工装，穿上朝袍。穿上这身更庄严的衣服，我步入古代的朝堂，受到古人的欢迎，在那里我品尝只属于我的美食，我就是为它们而生。在那里，我大胆地跟他们谈话，询问他们的行为动机，他们仁慈地回答我。四个小时的时间里，我忘掉了尘世，忘却了所有的烦恼，不再畏惧贫困，不再惧怕死亡……"

——尼科洛·马基雅维利

致弗朗西斯科·维托里（Francesco Vettori）

1513 年 12 月 10 日

目 录

政治学

尾声 思考死亡，就是思考人生

课外辅导

欢迎来到雅典学院

　　教皇尤利乌斯二世特别热衷于家居装饰。他不满足于布拉曼特设计的圣彼得大教堂的圆顶、米开朗琪罗画的西斯廷教堂的天花板，又聘请了一位相对不太知名的画家——来自乌尔比诺的27岁的拉斐尔，让拉斐尔给他的梵蒂冈宫殿的私人图书馆绘制一系列巨型壁画。这些壁画将展现尤利乌斯图书馆中的主题：神学、法律、诗歌和哲学。今天，特别受到赞赏的是最后一幅壁画《雅典学院》。在这幅画中，拉斐尔画了一群古代哲学家，主要是古希腊的，但也有古罗马、古波斯和古中东地区的，他们聚在一起热烈地交谈。画中并没有把哲人们画成学者。可以肯定，画中间正在辩论的两个人是柏拉图和亚里士多德，他们手中拿着书。比较肯定的是，左前方在写方程的是毕达哥拉斯，悲伤地独自坐在那里的是赫拉克利特，坐在大理石台阶上的名声不太好的那位可能是犬儒派的第欧根尼。苏格拉底在后排，正在盘问一个年轻人，最左边微笑着、戴着花冠的可能是伊壁鸠鲁。显然，这是一群形态各异的哲学家，他们提出了截然不同的、激进的思想，其中许多都超出了天主教教条的范围。伊壁鸠鲁是一位唯物论者，柏拉图和毕达哥拉斯相信转世，赫拉克利特认为存在由火构成的宇宙智慧。但在这里，他们都在梵蒂冈宫殿的墙上喊叫着。

《雅典学院》是我最喜欢的画之一。我喜欢它秩序和混乱之间的平衡，喜欢这些人都有着独特的性格，但他们的思想又有着根本的统一性。我喜欢画中央穿着鲜艳、飘逸的长袍，正在辩论的柏拉图和亚里士多德。他们一个向上指着上天，一个向下指着街道。我喜欢它的都市背景，不清楚那是一座庙宇、一个市场，还是某个理想城市的拱廊。在那里，人人都可以加入谈话，平凡与崇高紧密结合。在看这幅画时，我心想：加入那样的对话会怎样？在雅典学院中学习，聆听那些伟大老师的教诲，"大胆地跟他们说话"会是怎样？他们对我们的时代会说些什么？

本书是我梦想中的学校、我的理想课程，我努力把它设计成拥有雅典学院的全日通行证会有的经历。我把12位古代最伟大的老师聚在一起，向我们传授现代教育缺失的内容：如何控制我们的感情、如何应对我们的社会，以及如何生活。他们教给我们励志的艺术（西塞罗写道，哲学教我们做"我们自己的医生"），但那是最好的励志，不是狭隘地只关注个人，而是扩展我们的心灵，把我们跟社会、科学、文化和宇宙联系在一起。这一过程不是规范性的——老师之间意见不一（实际上，他们当中有些人非常看不惯对方），本书提出的不是一套而是好几套哲学。但，就像在拉斐尔的画作中那样，在多样性背后有着统一性：所有的老师都对人类的理性以及哲学改善我们的生活的能力感到乐观。

在早上点名时，学院的校长苏格拉底会告诉我们，为什么哲学能够帮助我们，对我们的时代发言。之后，白天的课程分成 4 节。早上，斯多葛派将教我们如何成为高尚的战士（之所以这么说，是因为我们将遇到的许多当代斯多葛派人士都是士兵）。在午餐时，伊壁鸠鲁将传授我们享受当下的艺术。在晌午的神秘主义和怀疑论课上，我们思考我们个人的哲学跟我们的宇宙观和上帝的存在或不存在的关系。在最后一节的政治课上，我们思考我们与社会的关系，以及古代哲学对现代政治的影响。之后，苏格拉底主持毕业典礼，给我们上一堂关于"死亡的艺术"的课程。如果你还想深入地探究，我的网站 www.philosophyforlife.org 上还有许多课外活动，上面有对你在本书中遇到的一些人的视频和文字采访，以及"全球哲学地图"，显示你附近的哲学小组（如果你自己建立了哲学小组，请告诉我，我会加到地图上去）。当然，还有这些哲学家本人的精彩著作，大部分都能在网络上找到免费的。

我希望重建你在拉斐尔的画上看到的开放与热闹，那种人人都可以加入的热烈的街头辩论。今天，许多人都在重新发现古人，用他们的思想让自己过上更美好、更富裕、更有意义的生活。我们将再次加入拉斐尔精美描绘的气氛热烈的谈话。我们大胆地跟古人对话。他们仁慈地回答我们。

生活的哲学

PHILOSOPHY
FOR LIFE

01

哲学：幸福生活的起点

"嗯……呃……你……感觉如何？你……还好吗？"

尴尬得令人难以忍受。

那是1996年，我上大学一年级。我本科的学习进展得很顺利，我的导师对我的论文很满意。但我的情绪好像突然陷入了混乱。毫无来由地，我突然变得恐慌、情绪波动不定、抑郁和焦虑。我的生活成了一团糟，而且我完全不知道原因。

"我很好，谢谢你，老师。"

"那就好。"

有人打电话给系主任，让他来调查我怎么了。这是因为我在情绪波动期间，信用卡超过了透支的额度。银行联系了我所在的学院，对我们的系主任、一位很受尊重的英国诗歌专家发出了警告，但并非直接的严重警告。

"你没在赌博对吧？也没吸毒？"

我都没有。但我上中学的最后几年曾经大肆吸毒。我在想，是不是那样做把我搞得一团糟？我出生在一个充满爱心的家庭，直到最近还很幸福。但我目睹了几个朋友神经错乱，有几个最终进了精神病院，现在我的精神健康也崩溃了。是不是吸毒破坏了我们的神经回路，导致我们陷入终生的情绪紊乱？或者我只是一个普通的神经质的青少年？我怎么才能搞清楚？"哦，我现在很好，先生，真的。对不起……"

"那就好。"

然后是一阵沉默。"我很喜欢《高文爵士与绿骑士》。"我说。

"那是一本好书，不是吗？"

我们都松了一口气，逃出了情绪的黑暗洞穴，回到了无关个人的、学术性的更清爽的气氛中。

我接受过很好的教育，对此我心怀感激。我的英国文学学位给了我研究《高文爵士与绿骑士》等杰作的机会，去欣赏漂亮的写作。我知道我幸运地得到了这样的机会。但它没有教我如何理解和控制我的情绪，以及如何反思人生的目的。也许这对我们那些超额工作的老师来说提的要求太多了（他们毕竟不是治疗师），但我认为中学、大学和成人教育应该向人们提供一些指导，不仅指导他们的就业，还要指导他们人生的顺境和逆境。《雅典学院》那幅画中描绘的老师提供的就是这样的教育：他们教学生如何改变他们的情绪，如何应对不幸，如何过上最好的生活。我多么希望我在那些艰难的岁月里遇到了这样的老师。相反，我发现大学更像是工厂：我们按时进去，交上我们的论文，按时离开，之后我们就得靠自己了，仿佛我们已经是有健全人格的、负责任的成年人。从体制上说，没人关心本科生的幸福或我们更广泛的性格养成。学生们也无法希望我们学习的东西真的能够用于我们的生活，更不用说变革社会了。学位只是为市场、为我们即将进入的工厂所做的准备，其规则都是我们改变不了的。

接下来读大学的3年时间里，我的课业很顺利，而我的情绪却越来越糟糕。恐慌像地震一样袭来，毁掉了我理解和控制自我的信心。我觉得我说不清内心发生了什么，所以我就日益退入自己的外壳内，这形成了一个恶性循环：我反复无常的行为导致我的朋友跟我疏远，招致了别人的批评，这只会证实我既有的信念——世界是一个充满敌意和不公的地方。我不知道出了什么问题，我学的东西对此毫无帮助。文学和哲学对我能有什么帮助呢？我的大脑是一个神经化学机器，我弄坏了它，对此我毫无办法。但是，大学毕业后，我不得不把这个坏掉的设备连接到市场上的巨型金属机器上，并且维持着生命。我1999年毕业，拿到了一个很好的学位，为了表示庆祝，我的神经系统崩溃了。

最后，2001年，在恐惧和困惑了5年之后，我被诊断患上了社交恐惧症、抑郁症和创伤后应激障碍（PTSD, post traumatic stress disorder）。我自己研究后发现，可以用认知行为疗法（Cognitive Behavior Therapy，CBT）来治疗我的情绪紊乱。我找到一个社交焦虑患者的认知行为治疗互助小组，他们每周在伦敦我家附近一个教堂的大厅里聚会。现场没有治疗师，我们按照其中一个小组从网上买的一个CBT课程做。我们按照讲义做练习，在康复过程中相互鼓励。对有些人来说，这样做很管用。比如我，一个月左右之后，我就没再遭遇恐慌，开始对我的理智应对狂暴情绪的能力变得更自信。康复的过程很漫长，不是说你越过一个边界之后，突然就好起来了，我仍在康复过程中。

古代哲学与现代心理学

我第一次了解认知行为疗法时，其观念和技术对我来说好像很熟悉。它们让我想起了我知道的那么点儿古希腊哲学。2007年，我成了一个自由职业记者，我就开始调查认知行为疗法的起源。我去了纽约采访在20世纪50年代发明了认知行为治疗的阿尔伯特·艾利斯。他去世前，我对他做了最后一次采访，还给《泰晤士报》写了他的讣闻。我还采访了认知行为疗法的另一个创始人亚伦·贝克。随后5年里，我还采访了其他顶尖的认知心理学家。通过这些采访，我发现了古希腊哲学对认知行为治疗的直接影响。比如，阿尔伯特·艾利斯告诉我，斯多葛派哲人爱比克泰德的话给他留下了深刻的印象："人不是被事物本身困扰，而是被他们关于事物的意见困扰。"这句话启发了艾利斯的ABC情感模型，它是认知行为疗法的核心：我们经历了一个事件（A），接着去理解它（B），然后本着这种理解感受到一种情绪反应（C）。艾利斯追随斯多葛派，提出我们可以通过改变我们对事件（A）的想法或意见（B）而改变我们的情绪（C）。同样，亚伦·贝克对我说，他在阅读柏拉图的《理想国》时受到了启发，也"受到了斯多葛派哲人们的影响，他们说影响人们的是事件的含义而非事件本身。当艾利斯说出这番话后，一下子就豁然开朗了"。这两位先驱——艾利斯和贝克——拿来古希腊哲学的思想和技术，把它们置于西方心理治疗的核心。

　　根据认知行为疗法，以及启发了它的苏格拉底哲学，引发我的社交恐惧症和抑郁的不是心理分析所说的受到压抑的性本能，也不是像精神病学所说的，是只能用药物纠正的神经紊乱，而是我的信念。我持有一些正在毒害我的有毒的信念和思维习惯，比如"我永久地损害了自己"和"每个人都得赞同我，如果他们不赞同我，那就是灾难"。这些有毒的信念是我的情绪痛苦的核心。我的情绪随我的信念而来，我会在社交场合感到极其焦虑，在这些场合不顺利时我就会感到抑郁。这些信念是无意识的、未经省察的，但我可以学着去省察它们，把它们放在理性的阳光下，看看它们是否合理。我可以自问："为什么人人都得赞同我？那现实吗？也许即使其他人不喜欢我，我也可以接受自己、喜欢自己。"现在这看上去都是显而易见的，但通过这种基本的自我质问，以及我的认知行为疗法小组的支持，我慢慢地从我本来有毒的、非理性的信念转向了更加理性、合理的信念。跟艾利斯的ABC情感模型吻合的是，我的情绪遵循我的新信念。慢慢地，我在社交场合的焦虑减轻了，也不那么抑郁了，更加自信、高兴了，能够控制自己的生活了。

苏格拉底与日常生活的哲学

亚伦·贝克称这种省察你的无意识信念的技术为"苏格拉底式方法",因为它受到了苏格拉底的直接启发。苏格拉底是古希腊和古罗马哲学中最伟大的人物,也是我们这个学校的校长。在苏格拉底之前的一个世纪,也有人自称为哲学家,如泰勒斯、毕达哥拉斯和赫拉克利特。但是他们要么以物质的宇宙为中心,要么发展出了非常精英主义的、反民主的人生哲学。生活于公元前469~前399年的苏格拉底是第一位坚决主张哲学应该对普通人的日常关切发言的哲学家。他本人出身卑微——他的父亲是一位石匠,母亲是一位助产士,并不是生来就拥有财富、官场人脉和优雅的外表,但他令他的社会为自己神魂颠倒,虽然那个时代并不缺少杰出人士。他一本书也没写过。他没有这种意义上的哲学——一套传诸弟子的一以贯之的思想。与耶稣一样,我们只能通过他人的记述来了解他,尤其是他的弟子柏拉图和色诺芬的记述。当德尔菲神庙的神谕说他是希腊最智慧的人时,他提出,那只是因为他知道自己知道得是多么少。但他也意识到其他人都知道得很少。他努力向他的雅典同胞传达的是——他视之为他的神圣使命——质问自己的习惯。他说,他认为"省察自己和他人"是"最高等级的善","每天都要讨论这种善"。他说,大部分人终生都是在梦游,从来没问过自己他们在干什么,以及为什么要那么做。他们吸收了他们的父母的价值观和信念,或者他们的文化,毫不质疑地接受了下来。但如果他们刚好吸收了错误的信念，他们就会"生病"。

　　苏格拉底坚持认为，你的哲学（你如何理解世界，你认为生命中什么很重要）跟你的精神和身体健康密切相关。不同的信念导致不同的情感状态——不同的政治意识形态也体现在不同的情绪疾病形式上。比如，我太在意他人的赞同（柏拉图说这是自由民主社会的典型疾病），这种哲学导致我恐惧社交。借助认知行为疗法，以及古代哲学，我把我无意识的价值观带至意识之中，省察它们，并裁定它们是不明智的。我改变了我的信念，这又改变了我的情绪和身体健康状况。我的价值观某种程度上得自我的社会。但是我不能责怪他人或我的文化，因为是我每天选择接受它们。苏格拉底宣称，"照料我们的灵魂"是我们的责任，这是哲学的教导——心理治疗的艺术，它源于古希腊人的"照料灵魂"。应该由我们来省察我们的灵魂，裁定哪些信念和价值观是合理的，哪些是有毒的。在这种意义上，哲学是一种我们可以用在自己身上的医术。

照料灵魂的医术

　　公元1世纪的古罗马政治家、哲学家西塞罗曾经写道："我向你们保证，有一种治疗灵魂的医术。它是哲学，不需要像对身体的疾病那样，要到我们的身体以外去寻找它的救助方法。我们一定要使用我们所有的资源和力量，去努力变得能够治疗自己。"这正是苏格拉底通过他的街头哲学想教给他的同胞的。他会跟他在城中散步时碰到的任何人开始谈话（雅典的居民并不多，所以大部分市民都相互认识），去发现那个人相信什么，重视什么，他们在生命中追求什么。当他的雅典同胞因为亵渎神灵而审判他时，他对他的同胞说："我四处游逛，就是为了说服你们当中的年轻人和老年人，不要去在意你们的身体，或者你们的财富，而是要努力'使灵魂达到最佳状态'。"他文雅、幽默、谦虚地引导人们去省察他们的人生哲学，把他们带到理性之光下。跟苏格拉底谈话是最普通、寻常的经历，但这些会彻底改变你。跟他谈话后，你就不再是原来的你了，突然之间你觉醒了。认知行为疗法努力重现这种"苏格拉底的方法"，教我们质问自己的艺术。在认知行为治疗过程中，你不只是躺在沙发上，独白你的童年，而是坐在那里，跟你的治疗师对话。他努力帮助你发现你无意识的信念，看看它们怎样决定了你的情绪，然后质疑那些信念，看看它们是否合理。你学着做自己的苏格拉底，所以，当负面情绪击倒你时，你问，我对它是否做出了智慧的反应？这种反应是合理的吗？我能做出更明智的反应吗？你余生中都会有这种苏格拉底般的能力相伴。

　　苏格拉底哲学核心的乐观信息是，我们有能力治愈自己。我们可以省察我们的信念，选择去改变它们，而这将改变我们的情绪。这种能力是内在于我们的。我们不需要向教士、心理分析师或药理学家下跪，去祈求救赎。伟大的文艺复兴时期的随笔作家蒙田说得很好，他说，苏格拉底"为人性做了一件大好事，指出它可以为自己做多少事情。我们都比我们自己以为的更富有，但我们学到的是要去借、去乞求……而自在的生活并不需要多少教条。苏格拉底教导我们，我们身上都有，他教了我们如何去找到它，如何使用它"。蒙田是对的：我们都比我们自己以为的更富有。但我们都忘记了我们身上的力量，所以我们总会去别处乞求。

认识自己，改变自己

这对我们的理性的评估是不是过于乐观了？它对我们要求的是不是太多了？一些现代心理学家和神经科学家会对苏格拉底的乐观主义提出异议，可能会斥之为愚昧的励志。首先，他们会质疑，我们是否能够认识自己。他们会指出，我们那些看上去是无意识的、自动的决定过程都是被我们的基因，或者我们的本能反应、认知偏见和我们所处的情境决定的。他们会指出人类理智的限度以及我们质问自己的情绪反应的能力很弱。有的会挑战这样的观念：人类有能力改变自己的思维和行为习惯。我们会提出，自己注定会反复犯同样的错误。实际上，有些科学家真的会挑战自由意志和意识观念，他们会说它们是神秘主义的迷信。我们是物质的存在，存在于一个物质的宇宙中，就像宇宙中的万物一样，我们受到物理法则的统治和决定。所以，如果你刚好天生具有强烈的抑郁、社交恐惧症或其他情绪紊乱的倾向，那你就很不幸，从概率上说你就会患上这些疾病。你应对这些紊乱的一个希望是，努力用其他物质来平衡它，要用物质手段来解决物质问题。你的意识和理性是没用的。

但是越来越多的证据表明，苏格拉底是对的。首先，来自神经科学的证据显示，当我们改变对一个情境的看法时，我们的情绪也会改变。神经科学家称之为"认知—再评价"，他们把这一发现追溯到了古希腊哲学。他们的研究表明，我们对我们如何理解世界有所控制，这使我们能够调整我们的情绪反应。

其次，认知行为疗法表明，在许多随机受控的实验中，人们能够挑战和克服哪怕是非常根深蒂固的情绪错乱。研究者发现，16个星期的认知行为治疗课程帮助大约75%的病人从社交恐惧症中恢复，65%的人从创伤后应激障碍中恢复，有高达80%的人从惊恐障碍中恢复（虽然认知行为治疗的康复率在强迫症患者中低于50%）。对于从轻微到中度的抑郁，认知行为治疗帮助大约60%的病人康复，这跟抗抑郁课程的效果差不多，但认知行为疗法课程之后的复发率要低于抗抑郁课程之后的复发率。这一证据表明，我们能够学会克服天生的思维和感受习惯。曾获得诺贝尔奖的心理学家丹尼尔·卡尼曼经常对我们克服非理性认知偏见的能力很悲观，对于这一点他却很乐观。他对我说："认知行为疗法显然表明，人们的情绪反应是可以再学习的。我们不停地学习和适应。"

操练心灵的肌肉

神经科学家用一个词称呼这种人脑改变自己的杰出能力：可塑性（plasticity）。古希腊和古罗马的哲学家们是可塑性的早期拥护者。用斯多葛派哲学家爱比克泰德的话来说："没有比人类的心理更好驯服的了。"他们知道，正如我们刚开始知道的，我们的道德品格有多少是由可以改变的习惯构成的：实际上，"伦理"一词即源自古希腊语中的 ethos（习惯）一词。当代心理学家如丹尼尔·卡尼曼提出，我们拥有"双处理器"大脑，一个思维系统基本上是自动的、以习惯为基础的，另一个思维系统则能做出更加有意识的、理性的反思。意识—反思系统比自动的体系要慢一些，也要消耗更多能量，所以我们对它的使用要少得多。

如果哲学要改变我们，它需要跟这两个系统一起工作。古希腊哲学正是这样做的。它涉及一个双重过程：首先生成习惯性的意识，然后生成有意识的习惯。首先，我们把我们自动的信念通过苏格拉底式的省察带至意识中，以裁定它们是不是理性的。然后我们带着我们新的哲学洞见，重复它们，直到它们变成新的自动的习惯。哲学不仅是一个抽象思考过程，也是实践。亚里士多德说，"我们通过练习获得美德"，我们不能"在理论中避难，就像病人不能认真地听医生的话，却一点儿也不按照医生的话做"。哲学是一种训练，一套日常的精神和身体锻炼，会随着练习而变得更加容易。古希腊哲学家们经常用体操做比喻：就像反复练习会加强我们的肌肉一样，反复练习也会加强我们的"道德肌肉"。经过充分训练，我们自然就会在正确的情境中感到正确的情绪，并且采取正确的行动。我们的哲学变成了"第二天性"，我们达到了斯多葛派所说的"生命的良性流动"。

这个过程并不容易。改变我们的思维和感受的自动习惯，需要花费大量精力和勇气，还需要谦卑：没人愿意承认他们的世界观是错的。我们固守着我们的信念，哪怕它们麻痹了我们。认知行为疗法只对60%~70%的情绪紊乱患者有效，表明苏格拉底式的认识你自己和改变你自己的能力不过是一种能力。古希腊人没有宣称人类生来是自由的、有意识的、完美的理性存在。他们提出，人类实际上是严重的无意识、拙于思考的动物，一辈子都在梦游。但他们坚持认为，如果我们致力于我们的哲学练习，我们大多数人可以用我们的理性去选择更加明智的人生道路。我们用情绪方面的习惯去思考的能力本身也许是天生的、被环境决定的，但是我相信，我们几乎总是会有一些空间，某种挑战我们不假思索的天性的能力。通过练习，几乎所有人都能变得更智慧、更幸福。这种有限的认识自己、改变自己的能力可以彻底地把悲惨的人生变成相当令人满足的人生。

哲学能拯救你的人生

苏格拉底认为，哲学真的能够改变人，给他们带来幸福，这种观念几百年来一直遭到嘲笑，甚至18世纪苏格兰思想家大卫·休谟也嘲笑它，休谟非常痛切地驳斥哲学的治疗能力。他也许是有意要煽动，他写道，大部分人"被阻挡在哲学的自命不凡和所谓的心灵医学之外……哲学帝国只覆盖了少部分人，对于这些人，它的权威是虚弱、有限的"。我要说，艾利斯和贝克证明休谟错了。他们已经证明，哲学，哪怕是它非常简化、基本的形式，都能帮助亿万普通人过上更幸福、更经过省察的生活。

然而，不可避免地，在把古代哲学变成16周的认知行为治疗课程时，认知治疗师不得不对它加以删减，缩小其范围，结果变成了简略的、工具形式的励志，只以个人的思维特点为中心，忽略了道德、文化和政治因素。我们即将遇到的古代哲学当然向我们提供了快捷、有用的治疗工具。但是它们比这更丰富。它们还提供了对社会的批判，以及关于社会应该如何运行的政治思想。它们还提供了各种关于神和人生的意义、我们在宇宙中的位置的理论。自我拯救在古代的影响力和普遍性要远远大于现代，它把心理学跟道德、政治和宇宙联系了起来。它给人们提供的不是短期的解决方案，练习一两个月之后就让位给了新的励志潮流，而是一种持久的生活方式。某种每天练习一直练上许多年的东西，激进地改变自我——也许还会改变社会。今天，许多人正在寻找一种生活哲学，他们在古代哲学家们那里找到了一种他们可以依托的东西。你在本书中遇到的每个人都被古代哲学改变了人生——他们当中的很多人会跟我一样说，古代哲学挽救了他们的生命。他们来自各个阶层：士兵、宇航员、隐士、魔术师、帮派分子、家庭主妇、政治家、无政府主义者。他们都发现，哲学真的很管用，哪怕是在最危险、最极端的情况下。

把哲学带回街头

"作为生活方式的哲学"这种观念迥异于当代哲学的学术模式——学生们学到一套理论，然后检验这种理论。如我所说，对古希腊人来说，哲学生活实践性更强。学生要全身心地练习它，不仅练习自己的智力。今天怎样实践这种哲学呢？一种做法是，努力把哲学带回街头，苏格拉底就是在街头实践它。1992年，年轻的法国学者马克·苏特（Marc Sautet）激怒了他的同行：他宣称哲学已经变得太体制化了，跟普通人的关切脱节了。他选择了一种替代方案，建立了哲学咖啡馆，每个周日的上午在巴黎的灯塔咖啡馆（Café des Pharos）聚会。谁都可以参加，在那一天投票决定讨论什么话题，然后一大群人一起进行苏格拉底式的对话（有时会有200人挤在咖啡馆里参加讨论）。这一运动借助互联网迅速传遍全球：现在全世界大约有50个苏格拉底咖啡馆。

其他大众哲学运动紧随苏特而起。2000年，在利物浦，三个利物浦工人发起了"酒馆哲学"运动，现在英国有30个哲学酒馆，仅默西塞德郡就有14个，使利物浦无可争议地成为大众哲学之都。有一个哲学酒馆的创办人罗布·刘易斯对我说，他失业时上了一门哲学课，那成了他人生中"一个重大的转折点"。他说："学习哲学帮助我克服了我们很多人有时会感到的疏离感，这种疏离感源自我们身处的社会想评判你，看你配得到多少机会。"从一开始，哲学酒馆的理念就是把哲学带出学院，超出罗布所说的"饶舌阶级"，把它的力量带给工人阶级。一个叫保罗·杜兰的创办人告诉我："我希望10年后，走进英国任何一家酒馆，问他们的哲学俱乐部在一周中的哪一天聚会，都会被认为是完全正常的行为。"

　　这些大众哲学组织通常具有一些反学院精神。比如，2008年，备受欢迎的哲学家阿兰·德波顿成立了一个叫人生学校（School of Life）的组织，希望把哲学从学院死板的机构垄断中解放出来。他抱怨说，学院哲学不再教人们如何去生活，"奥普拉·温弗瑞比牛津的人文教授问的正确问题都多"。我对这种观点很有共鸣。我记得我问过一位斯多葛派的专家，他是否曾经把它用于自己的生活。他回答说："天哪，从来没有。幸好我的生活从没变得那么糟。"他好像把古代哲学看作一个布满灰尘的遗迹博物馆。但其他学者不太驳斥古代哲学在当代的用处，比如皮埃尔·阿多（Pierre Hadot）、朗格（A. A. Long）、迈克尔·桑德尔（Michael Sandel）和玛莎·努斯鲍姆（Martha Nussbaum）。在我帮助运作的哲学小组伦敦哲学俱乐部，我们已经邀请了许多学院派哲学家主讲，他们空出时间，免费跟我们分享他们的专业知识。街头哲学和学院哲学并非死对头——他们相互需要。

没有学院哲学，街头哲学就会变得语无伦次；没有街头哲学，
学院哲学就会变得无关紧要。

那些新兴的哲学群体

人生学校、哲学酒馆和伦敦哲学俱乐部都没有要求他们的
成员遵循某种哲学或道德生活方式。它们是自由的论坛，陌生
人可以在那里会面、讨论各种哲学，而不需要忠于某一种哲学。
在这种意义上说，他们跟苏格拉底的后裔如犬儒学派、柏拉图
主义者、斯多葛派或伊壁鸠鲁创建的哲学学派不同。如我们将
看到的，那些古代学派更像是宗教派别，其成员要效忠于某种
特定的道德准则和生活方式。但是我们看到，今天兴起的新的
哲学群体更接近于古代的模式。比如，我们会遇到新斯多葛派，
他们来自世界各地的当代斯多葛派组织。我们会遇到"幸福行
动"（Action for Happiness），这一运动致力于传播理性快乐主
义。我们会去拜访像古代的犬儒主义者一样在伦敦的人行道上
扎营的无政府主义者群体。我们会遇到经济科学学校（School of
Economic Science），一个有着大约两万名追随者的柏拉图主义
群体。我们会遇到地标论坛（Landmark Forum），他们声称已经
用他们富有冲击力的苏格拉底哲学培训了100多万人。我们还
会去拉斯维加斯，参加一个怀疑论者的全球聚会，这是一个拥
有几百万成员的群众运动。这些哲学群体中的一些替代了传统

宗教的敌手。这当然对历史性的重建提出了挑战：自从于2000多年前成立后，古希腊罗马的哲学都不再是活生生的传统，所以现代的追随者需要努力把碎片拼贴起来，建设新的传统。这也提出了组织方面的挑战。这些群体真的在不变成教派的情况下取代传统宗教吗？

能找到一种幸福生活的模型吗？

古代的哲学治疗还有一个重要的政治成分。如我们所看到的，我们的信念会令我们生病，或者帮助我们成长。我们从自己的文化、政治和经济体系获得了许多信念，所以见习哲学家都要决定，要跟他们的社会保持什么样的关系。老师们提出了不同的解决方法。比如，斯多葛派和怀疑论者宣称，他们内心独立于他们的文化中有害的价值观，但不会努力去传播福音或改变他人。对于普通人对哲学的兴趣和改变的欲望，他们是很悲观的。伊壁鸠鲁和毕达哥拉斯学派对哲学的影响持有类似的悲观主义者观点，从社会撤退到哲学群体。但是有些老师认为哲学很有希望，认为它真的可以变革社会。我们最后的一节课是关于政治的，将会考察第欧根尼、柏拉图、普鲁塔克和亚里士多德的政治观，探索人们如何正在把他们的政治观带到今天的现实中。

自从19世纪哲学家约翰·斯图尔特·密尔认为应该让人

们"以自己的方式追求自己的善"以来，西方自由主义社会就
坚决反对可以让整个社会都只信奉关于幸福生活的一种哲学
或宗教的观念。战后的两头自由主义哲学的雄狮——卡尔·波
普爵士和以赛亚·伯林爵士都警告说，寻找某一种幸福生活的
公式是"形而上学的妄想"。整个国家不再会赞同同一个幸福
的模型，所以政府把一种哲学强加给公民的任何企图都必然会
成为强迫和专制。伯林坚持认为，政府应当保护其公民的"消
极自由"——他们免于干涉的自由，同时让他们自己去追求他
们的"积极自由"，以及他们自己的个人和精神实现（spiritual
fulfilment）的模式。

国家积极推进的幸福政治

但是，在20世纪末，以及21世纪初，知识分子和政策制定
者越来越感到，多元主义和道德相对主义已经走得太远了，新
自由主义的个人主义已经使我们变得原子化、孤立化、缺乏共
同利益感。亚里士多德和柏拉图认为，政府应该鼓励公民的精
神成长，这种观点又成了西方思想的主流。实际上，今天它已
经变成了压倒性的共识。是什么让政策制定者突然间获得了信
心，认为政府可以让人们变得更幸福？在很大程度上，这是由
于认知行为治疗获得的成功。亚伦·贝克和阿尔伯特·艾利斯似
乎已经证明，从科学上说，可以教会人们去克服情绪和行为紊

乱。接着，在20世纪90年代末，亚伦·贝克在宾夕法尼亚大学
的一个学生马丁·塞利格曼提出，心理学应该不仅帮助人们克
服情绪紊乱，还要帮助他们成长，过上最好的生活。他把他的
新领域称为"积极心理学"。就像贝克和艾利斯受到了古希腊哲
学的启发那样，塞利格曼和他的同事探索了古代西方和东方哲
学的理论和技术，然后用实验加以检测，看哪些真的管用。积
极心理学的"美德总监"克里斯托弗·彼得森戏言："亚里士多
德从来没获得过7点量表带来的好处。"[1]通过融合古代哲学和
现代心理学，塞利格曼和他的同事希望建立一个客观的"成长
科学"，然后把这种科学带到西方政治的核心。塞利格曼说，请
想象一下，如果世界各地的政府和公司教他们的公民和雇员幸
福的科学——就像美第奇家族把柏拉图哲学传到佛罗伦萨。这
不是很美妙吗？

　　塞利格曼把这场新的运动称为"幸福的政治"，它已经非
常成功，吸引了政治和金融方面的支持。比如在英国，政府同
意花5亿多英镑，训练6 000名新的认知治疗师，为国民提供认
知行为治疗。英国学校的大部分孩子现在在上一个全国性课程，
叫"社交与情绪学习"，教他们如何提高情商，包括取自认知
行为治疗的技术。在美国，每一名士兵都要上"适应思维"课，
它是由马丁·塞利格曼及其团队设计，并于2010年年底开始推

---

[1]　7点量表：李克特量表（Likert Scale）中的一种，是由美国社会心理学家李克特于1932
年在原有的总加量表基础上改进而成的。7点量表中的分数分别为非常不同意、很不同意、
不同意、无意见、同意、很同意、非常同意7种。——编者注

出的，力求减少军队中创伤后压力失调和自杀的发生。如我们将要看到的，这一项目的核心是取自认知行为疗法和古代哲学的认知技术。在欧洲，欧洲理事会主席赫尔曼·范龙佩2011年12月向200位世界各国领导人赠送了一本关于积极心理学的书，呼吁他们在2012年把幸福当作他们的首要政策目标。世界各国政府，包括法国、比利时、不丹、芬兰、奥地利、英国和德国，近年来都开始测算"国民幸福"，并提出政府最重要的目标应该是公民的成长，就像亚里士多德坚持的那样。

不自由的幸福政治的危险

这一运动的许多方面我是支持的，尤其是英国政府大胆地扩大提供精神健康服务的范围。我自己就受到了认知行为治疗的大力帮助，如果上千万受到认知行为治疗帮助的人当中有人继续探索其古代哲学根源，那就更好了。我成长于新自由主义的贫瘠时代，也对古希腊的成长观和幸福观回到教室、工厂和政治的核心感到兴奋。但是，这一运动进入公共政策领域的速度和范围让我感到不安。新的幸福政治很容易就会变得不自由、强迫，如果科学家们和政策制定者辩称他们已经证明了某种幸福模型，因此不需要民主辩论或赞同。这有迅速从经验证据的"是"跳到道德和政治的"应该"的危险，最终变成关于人们必须如何思考、感受和生活的僵硬的、反自由的教条。

在我看来，这种危险在神经科学家山姆·哈里斯的新书《道德景观》中最为明显。哈里斯认为，道德唯一合理的基础是关切所有具有感知能力的生物的幸福。他坚持认为，科学能够告诉我们关于幸福的事实，因此科学——唯有科学——能够告诉我们什么是幸福的生活。他的书引发了许多教士和哲学家的愤慨。他坚持认为科学能够也应该渗透至道德辩论，我不觉得这有什么问题。古希腊人完全会同意：他们的哲学，如我们将要看到的，把生理学、心理学、物理学跟伦理学和政治结合了起来。任何可靠的道德规范都应该努力符合关于人性和宇宙本性的科学证据。比如，如果科学告诉我们，人类认识不了也改变不了我们的思想或情绪，那对苏格拉底伦理学来说是坏消息。另一方面，如果来自认知行为疗法的科学证据表明，我们能够用我们的理性去改变我们的想法和情绪，那对苏格拉底伦理学来说是好消息。直到这一步，哈里斯是对的。

接着，哈里斯大胆地跃入政治哲学。如果科学能告诉我们关于人类幸福和道德的精确事实，那么它应该被用于指导国内和国际政治。我们应该用它去设计更好的社会、法律和政治体制，设立一个普遍的道德框架，斟酌、衡量、评判所有人、所有社会的风俗和道德。哈里斯期盼有一天，国际科学委员会的专家们可以照看我们，给我们的道德行为提供清晰、精确的指导。这种观点让我们想到以前赋予梵蒂冈的权力和权威，一个神学专家委员会在亚里士多德和托马斯·阿奎那的道德科学的指导下，照看着基督教世界，依照其中的规则发出道德评判。

近来，它让人想起实证主义，即奥古斯特·孔德在19世纪发起的一种奇怪的哲学热潮。孔德说，他终于把古代哲学的智慧和天主教神学变成了一种铸铁科学，政府只需把权力移交给一个科学专家委员会。实证主义早期的拥趸约翰·斯图尔特·密尔看到了这种观点的危险。他警告说，如果这变成现实，会带来一个"社会对个人的专制，超越了古代哲学家中最严格的纪律信奉者的政治观念思考过的东西"。

但哈里斯的实证主义观点已经在成为现实。2010年底，英国首相戴维·卡梅伦命令国家统计办公室（ONS）确定和测算国民幸福指数（无疑是一杯毒酒）。国家统计办公室建立了一个"专家委员会"，他们立刻提出了一个政府官方对幸福的定义。这个委员会完全由经济学家和社会科学家组成，其中没有一个哲学家、艺术家和教士。对于应该如何定义幸福，也没有进行真正的民主辩论，只是由国家统计办公室的官员在全国巡游，短暂停留，举行"全国对话"。国家统计办公室报告说，让他们感到意外的是，许多参与了哲学活动的人说，对他们的幸福观来说，宗教很重要。但是很自然地，上帝没有进入国家统计办公室的科学幸福公式。科学怎么能测量一个人跟上帝的亲近程度？批评这一动议的人说，国家统计办公室测量的只是一个人的幸福感，这是纯粹功利主义或伊壁鸠鲁式的幸福定义。但是国家统计办公室坚持认为，它也测量了哲学意义上的幸福，古希腊人所说的"幸福"（eudaimonia），亚里士多德、柏拉图和斯多葛派用它指"道德幸福"。国家统计办公室说，它的问卷这样测量道德幸福：问他们"如果分值从1到10，你的生活有多少价值？"
这本身是一个超现实的问题。它也许能让我们大致了解一个人
对他的自我实现程度的估价，但不能告诉我们他们实际是怎样
生活的、他们如何对待别人，或他们的生活更广泛的影响和价
值。我们真的认为一个简短的问卷就能测量一个人的生活的美
德、意义、影响和价值，给他们一个数字，然后就把他们排到全
球道德等级中去？这是把一般留给无所不知的神的技能归给了
统计员。用亚里士多德的话来说："一个有教养的人的特点，就
是在每种事物中只寻求那种题材的本性许可的确切性。"

自由是美好生活的重要部分

　　任何幸福哲学都涉及对一些大问题的价值观、信念和判断，
比如我们为什么在这里？上帝存在吗？自我实现意味着什么？
我们应该如何组织社会？关于这些问题，经验研究可以告诉我
们一些有趣的东西，但是我们也需要运用我们的实践道德判断，
或者古希腊人所说的"智慧"（phronesis）。如苏格拉底所说，
单独以及跟人一起对这些问题进行思考，以及选择你自己的回
答，是美好生活的一个重要部分。政府不应该拒绝让人们参与
这一过程，强迫他们融入一个专家设计、预制好的幸福模型。
这剥夺了他们的自主权、理性和选择——而它们都是人类幸福
的重要组成部分。幸福科学家不应该把他们自己的道德假定藏

在欺骗性的科学客观性后面。相反，对获得幸福的不同道德路径都应该被提出来并加以探索，以便人们做出他们自己的决定。我们要找到古希腊的幸福观和尊重人们的提问权与选择如何生活的权利的自由、多元政治的恰当平衡。不然幸福政治很快就会变得具有侵略性、反自由、官僚主义，遭到人们深深的厌恶。我们可以把人们引向哲学之泉，但我们不能强迫他们思考。

苏格拉底传统的四个步骤

　　我要在本书中说明的是，苏格拉底和他的弟子们提出的不是一个幸福的定义，而是好几个。我们在这所学校里将要遇到的方法都是我所说的苏格拉底传统的分支。它们都遵循这三个苏格拉底式步骤：

　　一、人类能够认知自己。我们都用理性去省察我们无意识的信念和价值观。

　　二、人类能够改变自己。我们可以用理性去改变我们的信念。这会改变我们的情绪，因为我们的情绪循着我们的信念。

　　三、人类能有意识地培养新的思维、感受和行动习惯。

　　这三个步骤是认知行为疗法的核心思想。这些步骤拥有充分的证据基础，它们展现的是思维技巧，而非特定的道德价值观，因此我认为政府在中学、大学、心理诊所、军队等地方教授这些技巧是没问题的。但是，我们将遇到的这些哲学还有第四个步骤：

四、如果我们把哲学当作生活方式来遵循，我们就能过上更加美满的生活。

当你试图决定什么才是美满的生活时，事情就变得更加复杂了。到这里，价值观、道德和实践理性就进来了。前三步教你如何驾驭你的心灵。第四步告诉你驾驭着它去哪里。我们系里所有的哲学家都迈出了第四步，但是是迈向不同的方向。他们对良好社会有不同的观念。他们对生活的目的也有不同的观念——有的相信生活的终极目标是跟上帝结合，有的则怀疑上帝的存在或跟人类生活有任何关系。他们有很多共同之处（他们都同意前三步），但对于第四步他们有着根本差异。也许，古代哲学可以给我们提供一些关于美好生活的共同观念和技巧。也许它甚至能提供一个信仰者和无信仰者、科学与人文相会的地方。但总还是会有一些分歧。我认为我们将遇到的哲学没有哪一种是完美的，你永远也不能让所有人都遵从其中一种哲学。不丹国王经常被拿来当作整个国家都遵从一种幸福哲学的范本。但是，不丹是一个很小的、单一文化、半文盲、以农村为主、人口比伯明翰还少、由国王统治的国家。不丹政府给人民强加一种共同的幸福哲学（佛教），要比一个庞大的、世俗的、文化

多元、自由的国家这样做更容易。因此，政府和公司都不应该
试图向他们的成员强加一种幸福模式，而是要教授通往美好生
活的不同道路，然后让人们自己做决定。

问每种哲学三个问题

对于每一种我们将要遇到的哲学，我问了三个问题。第一，
我们可以从这种哲学中拿来什么励志技巧，用于我们的生活？
第二，我们能把这种哲学当作一种生活方式吗？最后，这种哲
学能成为一个群体，甚至整个社会的基础吗？对每一种哲学，
我采访了一些在生活中用这些哲学克服严重的问题、改善自己
的生活的人。大部分时间，他们都意识到，这些技术源于古代
哲学，在许多例子中，被采访者有意识地赞同某一种古代哲学，
并努力把它当作生活方式来遵循。他们都在践行哲学，在实践
时都比我更认真。需要指出，刚开始，虽然哲学对我帮助很大，
但我认为自己并非哲学家，而是一个对人们在现代生活中如何
应用古代思想感到好奇的记者。有鉴于此，我们该注意塞内加
的这句话了："没时间玩闹了。你被雇用为不快乐者的顾问。你
已经许诺要帮助那些海难者、囚徒、病人、有需要的人，帮助
那些头悬在毒斧之下的人。你的注意力溜到哪里去了？你在干
些什么？"没错，塞内加，我们该上课了。上午的课开始于阿拉
伯沙漠，朗达·科纳姆即将颠簸着降落在那里。

美德的战士

THE WARRIORS OF VIRTUE

02

做自己生命的舵手

　　1991年2月，在第一次海湾战争期间，朗达·科纳姆是101轰炸机旅的一名航空军医，她受命去救援一位被击落的战斗机飞行员。她乘坐的直升机也被击落，以140英里的时速撞向阿拉伯沙漠，立刻导致8位机上人员中的5位丧生。科纳姆得以生还，但双臂都摔断了，膝盖的一条韧带撕裂了，肩上还中了一枚子弹。伊拉克士兵包围了坠毁的直升机，拉着科纳姆那条摔断了的胳膊把她拖了出来。他们把她和另一个机上人员特里·邓拉普中士放到了一辆货车上。货车沿着沙漠道路颠簸前进时，一个伊拉克士兵拉开了科纳姆的飞行服，强奸了她。她没法推开他，忍着不叫，但每次他撞到她那条断掉的胳膊时，她就忍不住大喊。最后，他丢开了她。邓拉普中士被绑在她旁边，没法救她。他小声说："女士，你真坚强。"她说："你以为呢，我该哭还是怎么样？""对，我想你该哭。""好，中士，"过了一会儿，科纳姆说，"我想我也该哭。"他们在伊拉克军队的一个院子里被关了8天。科纳姆这样说这一经历："做战俘是对你整个生命的强奸。但是我在伊拉克的掩体和监狱里学到的是，那样的经历并不一定是毁灭性的，那取决于你。"

科纳姆对我说："当你是一个战俘时，俘虏你的人几乎控制了你生活中的一切：什么时候起床，什么时候睡觉，吃什么，如果你吃的话。我意识到，唯一留给我的、我可以控制的是我怎么想。对此我有绝对的控制，不会让你们把这个也拿走。我决定，好吧，以前的任务是救援战斗机飞行员，现在环境变了，我有了一个新的任务，熬过这段经历。"她真的生还了，而且没有泄露任何机密信息。她也没有觉得她因为这段经历而遭受了永久的创伤。她对一位采访者说："人们以为你应该把遭到强奸视为一种比死亡更糟糕的命运。面对这两者之后，我可以告诉你，并非如此。被强奸并不是我生命中最大的事情。"科纳姆显然具有充足的美国人所说的勇气、英国人所说的坚定沉着这种品质。这种态度是斯多葛派的核心，它并不意味着她隐藏或否认她的情绪，这是流行的对"坚忍"（stoic）一词的理解。她的情绪遵循她这样的认识：对自己的处境中她控制不了的部分感到恐慌是没有意义的，更加有意义的是关注她能够控制的东西。她认为，对于像我这样天生没有她那么坚强（tough）的人来说，可以学习这种适应（resilience）的态度。她对我说："有些人天生很坚强，把问题当作要去克服的挑战。有些人甚至把不幸视为获胜的机会。我认识到我有这些技巧，而其他人没有。从那之后我认识到，令人坚强的思维习惯是可以教授的。"

科纳姆现在负责五角大楼 2009 年 11 月展开的一个耗资 1.25
亿美元的计划，名为"士兵综合健康课程"，其目标是教会在美
军服役的 110 万名士兵学会适应。《美国心理学家》杂志说，这
一课程是"历史上最大的深思熟虑的心理干预活动"，它是积
极心理学的创始人马丁·塞利格曼发展出来的。塞利格曼的适
应概念的基础是古希腊哲学最早提出来的、后来被认知行为疗
法学取的观点，你可以教导人们，他们的信念和解释风格导致
了他们的情绪反应，然后教他们如何用苏格拉底的方法驳斥他
们非理性的信念，必要时用更加哲学化的观点来取代它们。这
一目标，用该课程宣传视频中的话来说，就是教美军士兵如何
"在你的情绪控制你之前控制你的情绪"。换言之，美军在使用
雅典人、斯巴达人、马其顿人和罗马人在西方文明的黄昏用来
鼓励其精疲力竭的士兵时使用的方法，努力培养一代具有适应
能力的哲学家兼战士。

一切真的取决于你的想法吗？

对于这种疗法，有一个很明显的异议：情绪紊乱真的总是
你的信念的错吗？有时它们并不是由你的信念引起的，而是由
你所处的糟糕的状况引起的。过于狭隘地关注一个人的思维可
能会忽视正在伤害他们的环境压力。在伊拉克服役的英国士兵
只有 3% 的人被发现患有创伤后应激障碍，而不像美军那样达到

17%左右，这不一定是因为美军士兵的适应能力不那么强，也可能是因为美军参加了一些最艰苦的战斗，服役时间是英国盟军的两倍。然而，即使是在伊拉克战争那样极端的情况下，我们仍能对我们的处境有所控制：我们可以控制自己对它的反应。没人能拿走我们的自由。我们可以这样熬过最糟糕的处境：只关注我们能控制的，不让自己因为当下控制不了的东西而发狂。科纳姆2010年对一群士兵说："我这样应对我遇到的每一个问题，不管是考试没通过还是生病、被击落，我会搞定我能搞定的，我不会抱怨我搞不定的。"科纳姆认为她自己并非斯多葛派，但她实践和传授的技巧正是古罗马斯多葛派哲学家在公元2世纪描述过的，这位哲学家叫爱比克泰德。

那位奴隶哲学家

　　爱比克泰德出生于一个可控制程度最小的环境中。他公元55年出生于希拉波利斯镇，现在属于土耳其，生下来就是一个奴隶。他的名字的意思是"获得的"。有些记录说他遭到了他第一个主人的殴打和折磨，他的腿严重受伤，这使他余生都是一个瘸子。无论如何，他确实又瘸又穷，一生中大部分时间没有家人、没有自由。但他幸运地有了第二个开明的主人，叫赫马佛洛狄忒斯，这位主人允许爱比克泰德跟随那时最伟大的斯多葛派哲学家穆索尼乌斯·鲁弗斯（Musonius Rufus）学习。"斯多葛"（Stoic）一词源自 Stoa Poikile，指的是雅典市场的角落里彩绘的石柱廊，最早的斯多葛派聚集在那里向任何愿意听的人教授他们的街头哲学，不管是男人还是女人，自由人还是奴隶，希腊人还是野蛮人。斯多葛主义兴起于公元前 3 世纪，在苏格拉底去世一个世纪之后，那时古希腊的城邦被到处劫掠的帝国给征服了。这种哲学是一种应对混乱的手段：斯多葛派主张，如果你用你的理性去克服对外在环境的依附或者厌恶，你就可以在任何环境下保持泰然自若——哪怕你的国家已经被征服了，一个暴君正在把你放在刑架上折磨你（这是斯多葛派跟佛教类似的一个地方，我在附录中会深入考察）。他们关于内在自由和外在反抗的哲学于公元前 1 世纪传至罗马，罗马重要的政治家们喜欢上了它，把它用作共和派抵抗皇帝专制的哲学，这一运动史称"斯多葛抵抗"。就像绝地武士抵抗银河帝国一样，斯多葛反对派经常跟帝国政府发生冲突，遭到囚禁、流放或处死。

赫马佛洛狄忒斯最后解放了爱比克泰德，但爱比克泰德做出了一个不同寻常的职业决定，他本人也成了斯多葛派哲学家，导致他立刻成为帝国政府的目标。皇帝图密善公元 94 年从意大利放逐所有哲学家时，爱比克泰德遭到流放。他到了尼科波利斯，希腊西部一个繁华的镇子，在那里继续教学。他一直都没有交上好运，但是他的思想的影响跨越了时间和空间。据说哈德良皇帝到尼科波利斯时，跟这位老人做了交谈。哈德良的继承人、伟大的哲学家马可·奥勒留皇帝从爱比克泰德那里受到的影响超过其他所有思想家。因为他的学生阿利安上课时记的笔记，他的思想传到了现代：托马斯·杰斐逊、劳伦斯·斯特恩、马修·阿诺德、J·D·塞林格和汤姆·沃尔夫都在他们的作品和生活中使用了他的思想。他的《爱比克泰德谈话录》对于我克服情绪问题的帮助比其他哲学书都大。

爱比克泰德的坚毅哲学

爱比克泰德援引他痛苦的生活，形成了他的适应哲学。作为一个奴隶，你随时都会遭到痛打、折磨，甚至被处死。作为一位斯多葛派哲学家，你也总是面临着被囚禁或处死的前景。那么，在这样不确定和受压迫的状态下，当他们控制自己命运的能力受到这样的妨碍时，一个斯多葛派怎样才能保持冷静和坚强呢？他们怎样才能希望一直做"他们的灵魂的队长"？爱比克泰德的回答是，不断地提醒他自己，他能控制什么，不能控制什么。在他的《手册》的第一页，我们读道："有些事取决于你，别的事则不然。"爱比克泰德列了一个不在我们控制之下的事物的清单〔 Zone 2（区域 2）我补充了一些 〕：

我们控制不了的：
我们的身体
我们的财产
我们的名声

我们的工作

我们的父母

我们的朋友

我们的老板

天气

经济

过去

将来

我们将要死去这一事实

当然，这个清单中的一些东西并非完全在我们的控制之外。在某种程度上，我们的身体处于我们的控制之下——我们可以吃得很健康，我们可以锻炼，我们甚至可以去整容，使我们的身体变得尽可能地完美。但说到底它仍然虚弱、无力、处于我们的控制之外，并且最终，虽然我们尽了全力，它仍将死掉。那么，我们能控制什么呢？爱比克泰德列了另一个清单［Zone 1（区域 1）］：

在我们控制之下的：

我们的信念

确实是这样。这也许看上去是一个非常有限的区域。但这个小窗口是人类自由、自律和独立自主的基础。爱比克泰德说，我们要学习向区域1"我们的思想和信念"发挥我们的力量。这是我们的主权领域。在区域1，如果我们选择行使自己的主权，我们就是国王。我们总是能够选择去思考和相信什么。斯多葛派坚持认为，没人能够迫使我们去相信违背我们的意志的东西。没人能够给我们洗脑，如果我们知道如何去抵制的话。爱比克泰德说："抢劫你的自由意志的人不存在。"但是，我们要承认，我们不拥有对区域2"外在事件"的全面主权。实际上，我们对世界上发生的事情只有很有限的控制。我们必须接受这一点，不然我们就会生气、害怕，大部分时间过得很悲惨。

这两种错误让我们受苦

爱比克泰德说，大量苦难源于我们犯了两个错误。第一，我们试图向区域2中的某个外在的、不在我们控制范围内的东西行使全面主权。继而，当我们未能控制它时，我们感到无助、失控、愤怒、愧疚、焦虑或抑郁。第二，我们没有承担起对区域1"我们的思想和信念"的责任，而它们是我们能够控制的。相反，我们把自己的想法归罪于外界，归罪于我们的父母、我们的朋友、我们的爱人、我们的老板，归罪于经济、环境、社会等级，最终我们又感到愤愤不平、无助，感觉自己蒙受了不白之冤、失控、被外在环境摆布。许多精神疾病和情绪紊乱都源于这两种致命的错误。

　　比如，一个有社交焦虑的人变得沉迷于别人对他的看法。他们变得焦虑、偏执、愤怒和无助，全都是因为他们彻底地执迷于他人的看法——而这是在我们的控制之外的。他们对区域2的高度关注是偏执、无助和疏离的原因。要想感到更能控制，他们需要学习更多地关注区域1，关注他们自己的信念和态度。他们不能保证别人会喜欢他们，但是他们可以学习接受自己，哪怕别人接受不了。同样，一个抑郁的人会经常把他们的坏情绪归罪于外界因素。他们会指责过去，或他们的父母、他们的同事，或者经济、全球政治。他们总是丢掉他们对自己的信念和感受的责任。这只会使他们感到更加无助、失控和抑郁。精神病学会2010年对英军驻伊拉克和阿富汗士兵精神健康的研究发现，军队中感情痛苦的主要原因不是作战方面的原因造成的，而是接到他们的妻子打来的电话。她们在电话中抱怨家中的问题，而这些问题是这些士兵完全无能为力的。失控和无力帮助自己爱人的感觉比塔利班的炸弹更挫败士气。但爱比克泰德说，通过提醒自己什么是我们能控制的、什么是我们不能控制的，我们能够克服我们的无助和绝望感。

宁静祷文：接受我不能改变的一切，改变我能改变的一切

　　下次你处于真正困难或压力很大的境地时，看看你周围的人如何反应。有的人会开始恐慌，因为他们只关注这一情境中

他们控制不了的方面。但是其他人会保持冷静，并立刻关注当下他们能够做的，由此去改变情境，变得有所操控。适应能力和精神健康源自关注环境中我们能够控制的，不逼迫自己为我们控制不了的而发疯。美军领导手册用爱比克泰德式的口吻说："对领袖来说，关键是要在压力之下保持冷静，把精力用在他们能正面影响的东西上，不去担心他们影响不了的东西。"这种态度被宁静祷文做了概括，匿名戒酒聚会结束时都会朗读它。其内容是："主啊，请赐我宁静，让我去接受我不能改变的一切，赐我勇气，改变我能够改变的一切的勇气，并赐我分辨二者的智慧。"

这也是励志畅销书《高效能人士的七个习惯》的作者史蒂芬·柯维倡导的态度。柯维建议我们"主动出击"："你需要意识到我独立于所有发生在我身上的事情——我的情绪、我的冲动，哪怕是我的遗传天性。我有能力负起责任。我能够负起责任。我们有能力选择我们的责任，哪怕是在我们能控制的东西很少的情况下。在刺激和反应之间有一个空间，在那个空间中有我们的自由和力量。"柯维像爱比克泰德一样，建议我们要"想象两个圈"——外圈，柯维所说的"关切圈"，包括我们可能会担心但我们影响不了的东西。那个更小的圈被柯维称之为"影响圈"，包括我们能够控制的东西，我们应该承担起对它们的责任。柯维说，我们越是把力量集中于影响圈，我们就越快乐、越高效。

这并不意味着我们要停止关心更广泛的世界事务，比如，据此说一个生活在英国的人控制不了发生在苏丹或孟加拉的事情。我们也许对发生在世界其他地方的事情只有有限的控制力，但是我们依然拥有一些控制、一些影响。比如，选择购买一辆油耗高的运动型多用途汽车（SUV），会对气候和孟加拉人的生活条件有一定的影响。爱比克泰德是一位斯多葛派，而斯多葛派绝非内省的、对政治不感兴趣的隐士。他们非常相信尽己所能去帮助他们的同胞。但是这并不意味着因为你靠自己的力量拯救不了世界，就陷入无助的绝望或无能为力的愤怒，要认识到和接受你控制力的限度。同样，如果你在个人生活中陷入了困境，尽力去改善你的处境。如果你有一份糟糕的工作，尽力摆脱它。如果你受到了欺凌，告诉别人，或者对抗欺凌者。但是有时我们都会遇到一些我们无法立刻改变的不利状况——尤其是已经发生的事情。那我们就暂时忍受它。我们只能等待时机，等待情况好转。同时，我们可以趁机发展我们的内在自由和超越事件的能力，可以把逆境当作提高我们的能力和道德自由的机会。爱比克泰德曾经说："环境会暴露一个人的真面目。"

别因那些超出掌控范围的事情自责

当我们还是儿童和青少年时，爱比克泰德所说的确定我们的控制范围的技巧尤其有用，因为那时我们完全处于环境和他人（尤其是我们的父母）的摆布之下。我想以两个在童年遭受创伤的孩子为例，来说明爱比克泰德的教训如何帮助我们熬过苦难。第一个例子是威廉·贾纳斯告诉我的。他是一个杰出、好心、睿智的老人，是在学校教授认知行为疗法的先驱，从1971年起一直在做"理性情绪教育"。20世纪70年代初，比尔（威廉的昵称）开始治疗一个5岁的女孩，我们叫她安娜，她生活在一个抚养孤儿的家庭。他说："她是一个非常活跃的孩子，她无法安静地坐下，她的智商低于正常水平。"贾纳斯开始拼凑起她的经历。他说："她的父母彻底心理失常，且具有破坏性。她的母亲20来岁，吸毒，为此要花掉许多钱。她有时要跟毒贩打架。安娜曾经目睹一个毒贩在杂货店打她的母亲，她低下头躲避，有人被刺中身亡。"

她的父亲50来岁，酗酒，还喜欢性虐。她3岁时，她的父亲把她带到色情录像制片室，他和其他几个男人性侵了她，这一过程被拍了下来。这件事她记得非常清楚，就像慢镜头。"这是否解释了她为何那么迷乱？"贾纳斯问。"是的，确实如此。她的父母令她有了可怕的经历。"认知行为治疗能够在短期内产生惊人的效果，但是在安娜这种极端的例子上，它要花更长时间。在接下来的两年，比尔努力教安娜一个建立适应能力的框架，教她明白她的感受的来源，以及为何人们对她飘忽不定的行为做出那样的反应。他帮助她逐步建立起自我效能感，让她感到能控制自己的感受和环境。但是他说："她的头脑中依然有那种被虐待的可怕图景，她依然认为自己因为发生的这些事而成了一个可怕的人。"

在安娜接受治疗两年多后，即她7岁半时的一天，她来看比尔，她准备好了谈谈她的经历以及她的态度。比尔说："我的设想是教这个孩子可以用于真实生活中的概念。所以我们把控制当作一个概念。我对她说：'当你看着大海时，你看到海浪拍打海岸，你能让它们停下来吗？''不能，谁也阻止不了海浪。''如果你去野餐，天在下雨，你能阻止雨吗？''不能。你为什么问我这样的傻问题？''那么，你能决定穿什么去上学吗？''是的，有时候能。''你能选择你想看什么电视节目吗？''是的，通常都能。'所以我们讨论了这一观念：有的事情你能控制，有的事情你不能控制。然后我问她，发生在你父亲和其他人身上的事情，是更像海浪，还是更像你选择去思考的东西？她沉默了5分钟，接着她说：'像海浪。'"

比尔认为，明白她能够控制和不能控制的东西之间的差异，帮助安娜克服了她的创伤、回到健康的道路上。她不再觉得自己是一个坏女孩，因为她明白了她那时是一个3岁的孩子，控制不了一个成年人。他干的坏事是在她控制之外的。但是现在她如何想这件事，是她能够控制的。安娜没有染上毒品，也没有酗酒。她在班上成了优等生，再做智商测试时，她的智商达到了很高的128分。贾纳斯说："治疗没有提高她的智商，但是治疗清除了她的能力得以表现的许多障碍。她成了一名优等生，高中毕业后上了大学。最近她结婚了。"他总结说："安娜的例子说明，哪怕跟着心理失常的父母一起长大时遭受过可怕的事情，你依然能够学会发展出爱比克泰德最初教授的理性应对技巧。"安娜因为她父亲的行为而怪罪自己,克服它意味着承认这是一个她无能为力的情况,对此她完全无法控制,这不是她的错。但是现在,多年以后,她能控制她如何看待这件事,以及她如何选择继续前进。如贾纳斯所说:"发生在我们身上的事情也许不是我们的错,但是如何看待它是我们的责任。"

别拿他人当借口

另一个面对糟糕的父母显示出适应能力的例子是布雷特·惠特-西姆斯,我的一个朋友,同时是斯多葛派成员,现在住在俄亥俄州。他36岁,留着胡子,剃掉了头发,总是大笑。布雷特的成长过程中,他的母亲吸食冰毒上了瘾。因为她的毒瘾,她失去了她的发廊,接着是他们的家、他们的汽车,"几乎其他一切"。一家人搬到了凤凰城,布雷特和他继父也吸毒。布雷特对我说:

"接下来4年,我过的是你能经历的最凄惨的日子。我的少年岁月是地狱——在奇怪的地方睡觉,午夜被客厅里的毒品交易惊醒,总是拿着一把点38口径的手枪,因为担心毒品交易出状况。我曾被帮派分子开枪打中,我看到过我的父母跟陌生人上床,我们的房子被丢了燃烧弹,随你说什么糟糕的事情。我要在沙漠中过夜,等待我的父母马拉松式地吸完冰毒,才能回到我们在市里的拖车中。那时我的父母把我忘掉了，我似乎是不存在的，除了只有我一个人工作这一事实。为了付房租，我在一个杂货店每天上10个小时班，他们需要我时，我还要做保镖。"

他说："我是一个非常愤怒的年轻人，这导致我做出错误的判断，跟人打架，跟警察冲突。我因为打人、在公园携带猎枪而两次入狱。我很聪明，能够料到这样做会导致什么样的结局。我知道自己会死掉，或者到21岁的时候被捕入狱。"在他18岁时的一天早上，他醒来后想："够了，我不能再这样过了。"他收拾好他的东西，走出家门，头也不回。他被一个基督教福音派家庭收留，他们让他第一次尝到稳定、慈爱的家庭的味道。他接受了他们的信仰，甚至去神学院学布道。但是后来他对基督教信仰产生了怀疑。他徘徊了很久，在巴尔干半岛做了一阵子传教士之后，20来岁在欧洲旅行时，他接触到了奥勒留的《沉思录》。他说："我不懂斯多葛派深刻的哲学原理，但是我喜欢这句：'在一些事进行时不要让自己的精神烦恼，它们不在乎你的烦恼。'我突然明白，如果我不让外界的事情控制我，它们就控制不了我，我唯一能够控制的是我自己。"

最后，他从俄克拉荷马大学毕业，邀请他母亲出席他的毕业典礼。他父亲那时已经死于过量吸食海洛因：

"我们坐在走廊前，我眼睛含着泪水，问她，他们为什么那么做。她说我反应过度了，她不明白我为什么那么大惊小怪。从她的眼睛和她嘴角的抽动，我能看出她好几天都没合眼，那是因为吸毒而产生的亢奋。那天我跟我母亲的关系结束了。我们仍然会通电话，但是没什么实质内容。现在她不吸毒了，但是受到的损害已经无法挽回。"

　　现在，布雷特幸福地结了婚，精神百倍地给承办宴席的公司索迪斯（Sodexo）工作。布雷特本来可以把他可怕的童年当作托词，让自己的人生垮掉。他本可以养成受害人的思维，抱怨人生丢给他的一切粗暴的挫折、他父母留给他的那些包袱。但相反，他认识到我们生命中有许多东西——包括我们的过去，以及其他人的行为——是我们控制不了的。因为他人的问题而让自己过得悲惨是没有意义的。同时，我们不能用其他人的行为当作托辞来开脱我们的责任：我们的想法、我们的行为，以及我们的人生选择。布雷特认识到他有能力选择不同于他父母的生活，他做到了。他说他仍然在把爱比克泰德的教导用于他的日常生活。他说："我会承受很大的压力，因为我效率高、要求高。但是我学会了提醒自己什么是我能控制的，什么是我不能控制的。当出现问题时，我会努力不做出过激反应。我认为总会出现好转。我会说，斯多葛主义大大地提高了我应对外界环境的能力。"布雷特和安娜都以他们各自的方式，展示了人们如何克服特别不幸的人生起点——提醒自己他们能控制什么、不能控制什么。这个问题，不是像安娜刚开始那样，认为"全都是我的错"，或者像布雷特本可以轻易做的那样，说"全都是

别人的错"。这两种反应都太简单化。我们要学会区别二者。爱
比克泰德坚持认为，我们总是能够控制我们的想法，但对其他
一切的控制很有限，这是一个强大的方法，使我们在最为困难
的情况下也能限定和维持我们的控制点。

03

哲学是身心的操练

47 岁的迈克尔是美军特种部队的一位少校，外人称他们为
"绿色贝雷帽"。他 31 岁时加入了游骑兵，5 年后进入特种部队。
迈克尔 2001 年在布拉特要塞海军海豹突击队的 SERE（生存、逃
避、抵抗和逃跑）学校受训时第一次了解斯多葛派。他说：

> "教官教我们如何在遭受拷打时生存下来，我们学到的一点
> 是詹姆斯·斯托克代尔在越南的经历，他如何用古代哲学应对他
> 在战俘营度过的 7 年（我们将在第 7 章讲到斯托克代尔）。后来，
> 我在网上找到了更多关于他的内容，慢慢地对斯多葛派日益感兴
> 趣。最后，我想我们应该把我们特种部队的训练变成古希腊哲学
> 课，因为斯多葛派的许多内容跟理解人类以及他们为何那样选择
> 有关，而这是特种部队行动的关键部分。"

特种部队的一项基本任务是给外国军队和政治力量提供培

训和建议。迈克尔说："我们经常通过其他人来工作。这是我们的座右铭之一——借助、协同及通过（by，with and through）。我们是力量倍增者。我们进入一个异国，从零开始建立、训练和领导一支部队。因此，我们最重要的一个技巧是理解人类。由此我们有望在战斗发生之前就阻止它。斯多葛派帮助我弄清了为何人们会做出那样的决定。"迈克尔接着说：

"我们的大部分决定是自发的。我们那样决定是由于社会惯例。我们实际上没怎么想。现在如果你知道这一点，知道一个人接受的社会惯例，那你就能在他们浑然无觉的情况下，让他们做你想让他们做的事情。你可以弄清指引人们做决定的偏见，然后用这一知识去操控他们。你得是一个受过训练的斯多葛派，才能抵抗这种操控。好在我现在更加擅长于抵制它了。"

跟其他当代斯多葛派相比，迈克尔的斯多葛派实践较为苦行。他每天早上4点半起床，然后读45分钟斯多葛派文献——现在，他正在读皮埃尔·阿多的《作为生活方式的哲学》。接着，他开始一项叫混合健身的令人筋疲力尽的循环训练，混合健身网络的成员相互比赛，看谁在给定的时间内完成的循环练习更多。然后，他们把他们用的时间贴到网站上。迈克尔给当地网络的其他成员设定循环次数，然后贴到他的博客上。哪怕只是读一下也令人感到痛苦：

21组引体向上；

21组仰卧起坐；

21组跳上24英寸高的箱子；

20组徒手深蹲；

1英里跑；

穿着20磅重的防护衣完成这一天的训练。

他说："这不只是体育运动，它还需要技巧和诚实。这是每天做的性格测试，因为你可以作弊，获得更短的时间，或者击败对手，但是你知道你走了捷径。它所做的是测试你在极端的身体和情感压力下是否做出了正确的选择。它使你为意外时刻练习，教你练习如何控制自己。"他空着肚子练了一个多小时，"我每天只吃一顿饭，在下午5点到晚上9点之间的4个小时'窗口时间'内。我已经坚持了好多年。你学到的是挨饿变得更舒服。你感到自己控制了它，你学习控制快感和痛苦。但是这令我的妻子和朋友抓狂，午饭时我就坐在那儿看着他们吃"。他补充说："我喜欢斯多葛派哲学家穆索尼乌斯·鲁弗斯对这个主题的论述。他说你应该把食物看作提供力量的营养品。以超然的眼光来看它。我们为什么要吃东西？我们吃是因为身体的需要。它是必需的。但是如果你从中获得许多快感，让它控制你，那就危险了。就像苏格拉底所说的——吃饭是为了活着，但活着不是为了吃饭。"当迈克尔执行完任务回到美国时，当代美国的自我约束没有给他留下什么印象，"回国后，我注意到的最多的是，有那么多人肥胖。我们的孩子是世界上最胖的，美国是世界上被惯坏的孩子最多的国家。他们从没得到过贫穷的好处。比如我父亲，成长于大萧条时期。他是一个适应能力特别强的人。我们今天的生活是多么丰富，但是我们从未停止抱怨"。

哲学不是摇椅上的智力活动！

在现代世界，我们往往认为哲学是纯粹的智力活动，我们可以舒服地坐在椅子上练习。相比之下，对古人来说，哲学是一种全身练习，既是在教室也是在体育馆里教授和练习的。哲学家们健壮的身体跟他们敏锐的头脑一样出名：柏拉图是一个著名的摔跤手（他的名字的意思是"宽肩膀"），斯多葛派的克里安西斯是一个拳击手，苏格拉底被认为是雅典军队中最强壮的士兵，犬儒学派的第欧根尼是如此强壮，以至于他很满足地住在一只桶里。他们强壮的身体证明他们的哲学不只是空谈。智慧不能纯粹是理论的——你需要离开你的椅子，看看你在现实生活中的表现如何。爱比克泰德警告他的学生说，他们也许在教室里都是老手，"但是把我们拖到实践中，你们会发现，我们悲惨地失败了"。最为强调哲学是头脑和身体训练这一观念的哲学家是爱比克泰德的老师穆索尼乌斯·鲁弗斯。

鲁弗斯不像我们的其他老师那样著名，但是他是他那个时代最受人尊重的哲学家，外号"罗马的苏格拉底"。他是全职哲学老师，他最著名的学生是奴隶爱比克泰德。跟爱比克泰德一样，鲁弗斯没写过一本书，但是他的一些教诲被学生记了下来。他有一些当时很激进的观点——他说奴隶有权违抗主人不公平的命令，并提出女性跟男人一样能搞哲学。如此激进的思想使他惹恼了帝国当局，他两次被罗马帝国流放，但努力避免了死刑。鲁弗斯是街头哲学的拥护者。他坚持认为，哲学如果不融入实践训练，或古希腊人所说的修行，就没有价值。他对学生说：

"美德不仅是理论知识问题，还是实践，就像医学和音乐。就像医生和音乐家不仅要掌握其获得的理论，还要练习运用它们，好比一个想做到优秀的人，不仅要全面学习理论，还要练习它们……因为一个人如果只知道理论，但从来没有练习过抵抗享受，他怎么能实现自我控制，抵抗享受？"

鲁弗斯坚持认为，哲学训练既是头脑的，也是身体的。斯多葛派的学生应该接受训练，去"适应寒冷、炎热、口渴、饥饿、便餐、硬床、禁欲，忍耐艰苦的劳动。因为经历这些和其他事情之后，身体变得强壮，不容易动感情，能完成各种工作，灵魂也经过做苦工之后变得更强大，通过禁欲学会了自我控制"。学生要清楚吃什么、喝什么，因为"节欲的起点与基础在于自己控制饮食"。任何过于精致、奢侈的食物都要避开——

鲁弗斯禁止学生家里放烹饪书。我们的饮食目标应该是"健康和力量"，而非身体的舒适，那会削弱我们，使我们变成我们的胃的奴隶。实际上，"当食物发挥其正当的功能时……它不会带来任何舒适感"。鲁弗斯不是一个优秀的晚宴派对主持人，但是胜过毕达哥拉斯派一筹，后者为了增强他们的自我控制力，在举办宴会时会摆上最肥美的食物，放在客人面前诱惑他们，然后撤掉给奴隶吃。斯多葛派像毕达哥拉斯派一样，认为偶尔自愿地禁食是提高自控能力的好办法——鲁弗斯的学生爱比克泰德提出，口渴时，我们应该往嘴里吸入一点儿水，然后"吐出来，不告诉任何人"。不告诉别人的意图是，禁欲训练很容易就会变成一种向充满钦佩之情的公众证明你很坚强的表演（比如"忍耐艺术家"大卫·布莱恩）。斯多葛派不是为公众的掌声而练习。他们是为了获得内在自由和遭受不幸时的坚韧而练习。

雅典以南的军事化国家斯巴达把这种身体训练推到了极致，他们让穷人的孩子经受最严酷的训练，把他们变成完美的战士。斯巴达男孩 7 岁时被交给政府，去经受名为"诱拐"的 14 年的训练。他们住在兵营里，被分成"兽群"，穿着朴素的长袍，吃用猪血做成的肉汤。一位品尝这种令人恶心的肉汤的访客评论说："现在我明白为什么斯巴达人不怕死了！"他们学习唱歌、跳舞和战斗。他们通过裸体歌舞当众表演他们学到的东西，那时斯巴达女孩聚集起来取笑那些较弱的孩子。12 岁时，他们将被迫经受"耐力比赛"，被残忍地鞭打，有时会被打死，同时尽力从阿尔忒弥斯神庙窃取食物。然后他们被送到荒野过上一年，只穿着他们的袍子，不穿鞋。他们要用从河里捞到的芦苇做床，只吃他们能偷到或猎到的东西。他们的苦行教育训练他们抛弃自我，应对身体上的疼痛，在荒野中生存，目标都是使他们成为完美的战士，为国奉献。

雅典的哲学家们被斯巴达的教育实践给迷住了（也有点儿被吓住了）——实际上，"诱拐"部分是斯多葛派哲学家玻里斯提尼斯的斯法鲁斯设计的。雅典人认为斯巴达人是没有头脑的机器人，只会服从命令，缺少雅典人的文化和独立思考的能力。但是斯多葛派也佩服斯巴达人的坚强，喜欢讲斯巴达男孩偷狐狸的故事，男孩把狐狸藏在了长袍里，他没有被发现，因为当狐狸掏出他的内脏时他也忍住不出声。这给斯多葛派留下了深刻的印象。

随时知道你的进步

我们怎样知道我们是否在哲学训练中取得了进步？跟健身类比一下很有用：在健身时我们无法识别我们是否真的取得了进步，除非我们跟踪自己，看看我们能跑多远，能举起多重的杠铃，燃烧了多少热量，我们的脉搏是多少，随着时间的流逝我们提高了多少。古代人以相同的办法判断他们的哲学训练，跟踪他们自己，他们的想法、情绪和行动，看他们是否真的取得了进步。哲学训练很费时间。下课后感觉自己"取得了突破"

或者"脱胎换骨了"是不够的。这种感觉也许会持续一两天，然后你就悄悄回到了旧有的轨道。你需要跟踪你随着时间的流逝而取得的进步，监视你的习惯，看你是否真的有了进步，还是只是在原地兜圈子。

古代人的一个做法是记日记。一天过去之后，接受训练的哲学家在日记中简略地写下他们的行为。他们思考他们是怎样度过了一天，哪些做得好，哪些本可以做得更好。塞内加说，我们每天都要省视我们的灵魂，"以便记录它。新毕达哥拉斯派的哲学家塞克斯提乌斯也是这么做的。一天过后，他回到他每晚休息的房间，质问自己的灵魂：今天你治愈了自己的什么邪恶？你今天战胜了什么恶习？你在什么意义上变得更好了？……还有比这种省察自己一整天的习惯更令人敬佩的吗？"所以，如果一个斯多葛派的学生意识到他们的脾气有问题，他们会一整天里持续地观察自己，然后一天过后，计算他们当天发脾气的次数，在日记中写下来，看他们一段时间里有什么进步。爱比克泰德对他的学生说："如果你希望摆脱自己的坏脾气……计算你没有发怒的日子。我过去每天都会被非理性的情绪抓住，现在是每隔一天，然后是每隔两天，再后来是每隔三天。"通过计算你努力放弃坏习惯的天数，你能加强自己的意志，并获得进步感。当你的进步是看得见的、可以计算的，它能鼓励你继续下去。许多戒了烟的人用了这种技巧，计算他们没有抽烟的天数，爱比克泰德说了一个类似的方法，可以用于改掉坏习惯。爱比克泰德："如果你戒掉了一种坏习惯30天，你要感谢神，因为这一习惯开始弱化，随后会被彻底改掉。"日记也使我们可以反思白天强烈的负面情绪出现的时刻，然后挖掘下去，寻找导致这种情绪的信念。然后我们可以思考这种信念，检视它，看它是否有道理。如果没有道理，用更加理性、更深思熟虑的反应来挑战它。我们这样使用日记时，我们使自己进行苏格拉底式的对话。我们跟自己破坏性的精神习惯做斗争，试验新态度并加以练习，直到它们变成习惯。

马可·奥勒留的《沉思录》

古代世界记日记的最伟大榜样是马可·奥勒留的《沉思录》。马可是公元161~180年间罗马的皇帝，历史学家所说的"五贤帝"中的最后一位，他们普遍被认为政绩非凡。18世纪的历史学家爱德华·吉本说，这五贤帝（涅尔瓦、图拉真、哈德良、安敦尼·庇护和马可·奥勒留）的统治是"人类历史上最幸福、最繁荣"的时期。实际上，奥勒留的统治并不容易。在他统治期间，罗马遭遇了一连串的灾难——洪水、地震、瘟疫和帝国北部边界不断的起义。奥勒留生命中的最后10年一直在打仗，在疲惫、恶劣的冬季战役中跟日耳曼野蛮人作战。他衰老多病，思念他的家人，一定很渴望从无尽的战争中解脱出来，但是他一直坚守岗位。他记日记，在日记中记录他的思想，努力坚定自己，应对人生中的挑战。

　　《沉思录》算是我最喜欢的哲学书。爱比克泰德的《语录》是更强劲的药,但是马可关于宇宙的洞见有一种独特的诗意和神秘主义。有些读者抱怨《沉思录》太零碎、太啰唆,不像西塞罗或塞内加的著作那样融贯、精巧。但这误解了奥勒留这本书的目的。他不是为了取悦受众而写作。这本书的书名直译过来是"写给自己的思考"。它是一部行动中的书,是写给他自己一个人的,他在书中跟踪和挑战了非理性的想法,详述了更明智的态度。所以它那么啰唆、零散:因为他是对那一天他头脑中的想法做出反应,练习这种反应,直到它们变得不假思索。奥勒留把他的日记用作资源,当作内心的健身房,在那里他可以避开皇帝生活的要求,重温他的想法,进行精神训练。他把写作当作一种练习。他设想出一种令他心烦的情境,然后梳理它,调整它,从不同的角度思考它。社会心理学家詹姆斯·潘尼贝克研究过自我写作,以及人们通过记下创伤经历获得了怎样的帮助。他发现,那些从自我写作中获得最大帮助的人从使用第一人称代词(我)转向使用各种各样的代词(你们、他们、我们、它)和因果联系词(因为、因此、所以)。他们破除一个困难状况的特性,把它放到远处,接受它。马可就是这么做的——从多个角度看困难的情况,就像在练瑜伽,然后练习新的态度,直到它们变成习惯。

哲学是精神和身体的训练

在古典世界的末期，希腊人苦行的哲学观被早期基督徒接受。他们为了灵修练习了希腊人的许多技巧，比如训练自己变得更警觉，在日记中反省自己，通过身体训练提高自控能力和耐久力。然而，一些基督徒练习者把这种训练推到了极端——他们把希腊人的苦行变成了狂热的苦行主义，经常独自在沙漠里或者小的隐士群体中练习。随着恶魔和魔鬼神话的引入，基督教给苦行主义引入了一个新的维度。斯多葛派谈论"盯着你自己的敌人"，他们的意思是盯着你无意识的自我，以便阻止它滑进坏习惯。早期基督徒接受了这种"防备敌人"的理念，但对他们来说，敌人实际上是强大的非自然存在，它们总想着摧垮你。魔鬼和被永久罚入地狱的威胁赋予了基督徒的苦行主义一种经常陷入病态狂热的强度。最著名的例子是修士圣西蒙，他在叙利亚沙漠中的一根柱子上站了许多年。这跟我们后面将会遇到的犬儒学派有些类似，他们也离开自己的家，住在露天环境里。但是犬儒学派出名的是他们的幽默，而圣西蒙是一个一点儿也不幽默的遁世者。犬儒学派对性持非常随和的态度：其他犬儒学派的人在露天场合宣扬自由恋爱时，第欧根尼公开手淫。相反，基督徒认为性是恶魔用来对付我们的最重要的陷阱，所以他们极端到鞭打甚至阉割，以净化堕落的肉体。基督教的极端使苦行主义蒙上了坏名声。许多世纪之后，当哲学在17~18世纪打破教会的束缚后，启蒙运动哲学家们嘲笑基督徒疯狂的苦行，他们认为那是病态人格的症状。苦行主义跟隐修制度一样，被启蒙运动认为不文明、不礼貌、反社会。启蒙运动哲学家们跟商界和文学界打交道，他们享用咖啡和葡萄酒，其中一些人，比如苏格兰哲学家大卫·休谟，甚至会烹饪。但不幸的是，在拒斥基督徒苦行主义的极端做法时，西方哲学忽略了哲学是精神和身体训练这一观念。

"哲学即是训练"的回归与自控力

也许学院派哲学正在慢慢地回到哲学作为训练这一观念上来，果真如此的话，这主要是法国学者皮埃尔·阿多的功劳。他坚持认为，哲学本来是一套反复练习的灵修。他的同时代人米歇尔·福柯援引阿多的著作，在《关注自我》等书中让更多的受众了解了这一点。但是哲学内部的转变十分缓慢——找到一位认为自我训练是值得研究的领域的学院派哲学家仍很困难。但是，训练自己以便提高我们的自控能力的观念已经成为现代心理学的研究焦点。关于苦行主义这一主题，特别有趣的是哥伦比亚大学的沃尔特·米歇尔的著作。20世纪60年代末和70年代初，米歇尔做了一系列著名的"棉花糖实验"：孩子们被放在一个房间，面前摆着一盘棉花糖，告诉他们可以马上吃一块棉花糖，或者等15分钟再吃，到那时能吃两块。大约1/3的孩子努力坚持了15分钟。20年后，米歇尔恰好发现了孩子能抵抗棉花糖的诱惑多久，跟他们后来的成就之间的关联。孩子抵抗棉花糖带来的满足的时间越长，他们后来在学校里的行为问题越少，他们的成绩越好。从那时起，自我控制成了心理学的一个焦点，好几项研究都表明，对预测学术成就来说，它是一个比智商更准确的指标。它还能预测我们的经济稳定性、工作稳定性，甚至我们的婚姻的稳定性。自我控制好像是关键的品格力量。这一洞察开始被整合至学校中，比如全美各所 KIPP（the Knowledge Is Power Program,"知识就是力量"计划）学校，学校里的商店出售上面印着"别吃棉花糖！"口号的 T 恤。

　　问题是，我们抵抗棉花糖的能力能像斯多葛派认为的那样，通过训练得到提高吗？还是意志薄弱的人总是会忍不住伸手去拿过来吃？心理学家们越来越赞同鲁弗斯的观点：我们可以通过训练来提高我们的自控能力。如斯多葛派所说，心理学家们发现，对这种训练来说，自我监视很重要。这一领域的先驱是心理学家、斯坦福大学名誉教授阿尔伯特·班杜拉。1983 年，班杜拉和他的同事丹尼尔·塞尔沃纳用 90 个骑自行车的人做了一项实验。他们被分成 4 组。一组没被安排目标和反馈；另一组被安排了目标，但是没有反馈；第三组收到反馈，但是没有目标；最后一组既有目标也收到反馈。最后一组的表现明显好于其他三组。给我们自己确定目标，观察我们朝着目标做出的进步，能激励我们继续努力。神经科学家戴维·伊格尔曼最近推进了这一思想，做了一个大脑扫描仪，显示一个人成功地抵制住冲动，比如抽烟的冲动时的情形。你可以看到，在大脑扫描图像上，大脑的认知部分成功地管住了自动的习惯性欲望。伊格尔曼用这种图像反馈得出结论，我们可以训练人们发展他们的自我控制力。他提出，我们要把这一技术引入监狱，帮助犯人发展自我控制和抵制冲动的能力。

更简单、更便宜的技术应该是像古代人那样，记日记。佛罗里达州立大学的罗伊·F·鲍迈斯特是自我控制心理学方面的顶尖专家之一，他做了一个实验，让人们做几个星期的饮食日记，记录他们吃了什么。他发现，这种简单的自我跟踪的形式能够提高他们的自控能力，这种自我控制继而延伸到他们的生活的其他领域，比如能使他们更好地理财。我在得克萨斯一次社会心理学会议上找到鲍迈斯特，问他这种训练为何管用。他回答说：

"自我控制的运作就像肌肉：反复练习能够开发它。所以，比如，我们发现练习三周比使用右手更多地使用你的左手（如果你是右撇子），就能提高人们的自控能力。他们练习运用他们清醒的意志抵抗自动化的习惯。这种自我控制继而被用于其他任务。他们通过这种方法建立的自我控制被推广到他们的生活的其他领域——他们总体上变得更加自律。"

让我们成为我们自己的"医生"

自我跟踪现在启发了一种运动，叫"量化自我"，其座右铭非常有苏格拉底风格："通过数字认识自己。"量化自我运动的成员发明了生物数字设备，记录他们每天摄入的热量、酒精，记录他们的心跳、血糖水平、锻炼的规则、社交生活、性生活、情绪、理财——甚至有一个数字祈祷应用程序，记录你说了多少祈祷语。这一运动现在在全世界有45个不定期聚会的小组。在聚会上，练习者们展示他们古怪的自我记录发明，有一些有望被推广，有些则不太可能。这种狂热背后的观念很坚定：如果你想提高自己，你需要采取理性、科学的自我提高方法，这意味着要不停地记录你自己，这样你才能看到你有了什么进步，哪些干预真的有效，哪些干预是浪费时间。自我量化者不像遮遮掩掩的斯多葛派，他们喜欢跟别人分享他们的训练成果。他们发现，当他们公开他们朝着减肥之类的目标进步了多少时，他们更有可能坚持他们的练习，从别人那里获得支持。他们以社交网络的方式进行苦行，这跟斯多葛派和早期基督徒有很大的差异。（迈克尔的混合健身训练实际上也是这种社交网络苦行的例子。）

把自我量化生活推到极端的一个人是蒂姆·费里斯，他写过《每周工作4小时》（4 - Hour Work Week）和《4小时身体》（4 - Hour Body）等书。蒂姆是自我提高狂，也是斯多葛派的铁杆粉丝：他在谷歌公司办公室关于塞内加的演讲把斯多葛派推广给了上万人。蒂姆说他自己是一个"生活黑客"：他想研究出如何从他生活中最小的改变获得最大限度的提高。比如，他希望尽可能地健美，自己实验什么样的干预能令他睡得更好、跑得更快、恢复得更好，甚至让性生活更和谐。他写道："我记录了我18岁以来做的每一次练习。2004年以来，我验了1 000多次血，有时每两周就做一次，记录全面的血脂检查、胰岛素、糖化血红蛋白到类胰岛素1号增长因子、游离睾丸素等各种指标。我有心律定量仪、超声波机器和检测皮肤电传导、REM（rapid eyes movement，快速眼球运动）睡眠等指标的所有医学设备。我家的厨房和浴室看上去就像急诊室。"这也许听上去有些狂热，但是所有这些自我跟踪使费里斯能够做自我实验，看什么样的干预真的管用，并且测量他朝他的目标迈进了多少。这种自我反省所本的是苏格拉底的精神，他是第一个生命黑客，他曾经说，对人来说最好的职业是"有效的行动"，或者"在学习和练习如何做事之后，把一件事做好"。

　　当然，还有一个重要的问题：你的训练是为了达到什么目的。你也许使自己经受严格的训练，只是为了让自己变得好看，或者变得有钱，赢得世人的敬仰或其他外在目标，这跟斯多葛派很不一样。他们训练的目的是摆脱对外界的爱慕和厌恶，获得内心的自由。但是你同样可以把自我跟踪技术用于内在的道德目标，比如戒烟或者改掉自己的坏脾气。许多自我跟踪设备的设计是为了帮助人们克服情感问题。比如，英特尔公司的临床心理学家玛格丽特·莫里斯设计了一个智能手机应用程序，叫"情绪地图"（Mood Mapper），使用者可以用一个代表情绪幅度的彩色圆圈跟踪他们的情绪。在白天，这个应用问用户他们的感觉如何，如果用户陷入特别消极的情绪，这个应用会提议采用其他看待自身处境的方式。莫里斯对我说："如果测量显示你的情绪特别抑郁，情绪地图可能会让你考虑你是否觉得非常悲惨，或者问你有没有其他方式来看待令你心烦意乱的处境。"这个应用就像是"口袋苏格拉底"，你可以一直带在身上，检查你内心的状态。

　　不那么复杂但同样有效的办法是认知行为治疗使用的日记。如果你去认知治疗师那儿看抑郁症或焦虑症，他们很可能会让你记日记，跟踪你不假思索的想法、情绪和行为，看你进步如何，让你有一个地方去挑战你不假思索的习惯、养成新习惯——像马可·奥勒留 2 000 年前在他的日记中做的那样。你可能令人抑郁地习惯于关注生活中糟糕的事情。日记会让你对自己无意识的习惯更清楚，然后挑战它，比如记下你每天要感激的 3 件事（心理学家称这种技巧为"感激日记"）。奥勒留也使用了这种技巧——《沉思录》的第一章全部被这位皇帝用于提醒自己，他要感谢别人为他做了什么。现在有好几个应用，可以帮你在智能手机上记认知行为治疗日记或感激日记（有的应用可以让你直接跟你的治疗师分享你的生活日志）。你还可以用情绪地图应用跟踪你的情绪，把它们跟其他数据关联，比如显示你的情绪跟你的睡眠模式，或酒精摄入、社交活动的关联。所以如果你的情绪低落了，你就可以查看你的个人幸福仪表盘，看看是不是因为你没有睡足，或者喝了太多酒，然后你就可以纠正你的生活，免得崩溃。

在我看来，自我反省运动有趣地结合了古代哲学和现代技术。苏格拉底的学生色诺芬说，苏格拉底"强烈地鼓励他的同伴……在一生中研究他们自己的体格，看看什么样的食物、饮料或锻炼对他们自己有好处……他说任何这样观察他们自己的人都会发现，很难找到一个医生，能比他们自己还清楚什么对他们的健康有好处"。古代哲学，如西塞罗所说，训练我们去做我们自己的医生，自我跟踪技术把权力交到了我们手中。我们不需要简单地信任专家：我们都能成为我们自己自我提高方面的专家。

斯多葛哲学与体育运动

斯多葛派经常把哲学比喻成为奥运会而训练。神让你遭受不幸，就像拳击教练送给你一个陪练，看你的训练有了多大进步，你在身体、头脑和灵魂上提高了多少。如果你在现代生活中寻找这种斯多葛派的态度，除了服务业，你最有可能找到它的地方就是在体育界。历史学家达林·麦克马洪曾经说，现在体育教练以一种奇怪的方式，在学校里填补了以前被哲学家和牧师占据的位置。他说："在学校里唯一教授价值观的人好像就是体育教练了。"（实际上，对体育道德的研究是学院哲学中正在兴起的领域。）比如电影《卡特教练》，它看起来是一部很传统的好莱坞影片，一支不成样子的校队受到一位教练的激励，最终赢得了州冠军。尽管在最后一场，他们以一分之差输掉了比赛（原谅我剧透）。但是，在剧终时，教练走进更衣室，做了一个非常斯多葛派的演说。他对他们说："你们的成绩不只会出现在胜负栏或者明天报纸体育版的头版。你们取得了别人终生努力去寻找的东西。你们取得的是内心最难以实现的胜利。"这是一种非常斯多葛派的观念：体育不只是训练和培养我们的身体。它训练我们的品格，训练我们去熬过痛苦，去抵抗不舒服，去为全队奉献，去面对丢脸，在高潮和低潮都保持稳定的决心。用拉迪亚德·吉卜林被刻在温布尔登网球中心的话来说，体育训练我们"坦然面对胜利和失败，并将这两种假象等同视之"。它教导我们斯多葛派的哲学。今天，如果你把"斯多葛"输入谷歌新闻，你更有可能在体育版而非艺术和政治版看到这个词。

斯巴达精神与童子军

在学术界之外，还有另一种向斯巴达人观念的回归：年轻人应该通过在户外经受挑战来进入成人世界。比如所有的童子军运动，它是罗伯特·巴登·鲍威尔在20世纪初发起的。巴登·鲍威尔是一位忠心的帝国主义者，担心大英帝国会步罗马帝国的后尘，他认为罗马帝国的衰落是因为"奢侈和懒惰滋生"。强化英国的精神资源的办法是听从斯巴达国王莱克格斯的建议，"国家的财富不在于……有多少钱，而在于身体和头脑健全的人，他们健美的身体能够忍耐，他们的头脑自律，以恰当的比例看待事物"。训练年轻公民的身体和头脑最好的办法是像斯巴达人那样——把年轻人带离舒适的文明，把他们扔到荒野中自食其力。巴登·鲍威尔写道："在学校的围墙内很难培养男孩的品格，不管制度有多么好，因为品格无法在课堂上教授。"他抱怨说，在学校里，我们变得沉迷于"安全第一"，而品格只有在接近风险和危险的地方才能培养出来。童子军跟斯巴达人的"诱拐"一样，把男孩从他们的父母身边带走，把他们组织成帮派，交给年纪较大的男孩领导，然后教他们如何在野外生存，如何做藏身之所，如何生火，如何捕野兽，以及如何用急救、消防和架桥技巧帮助别人。这种做法的目标非常有斯多葛派风格："帮助男孩变得自立、随机应变，能够自己划船——也就是能够预测未来并决定他自己的人生。"

当然，今天取笑巴登·鲍威尔是很容易的事情，因为他的帝国主义思想和他的个人特质。但是，童子军仍然无可争辩地在年轻人中间很受欢迎。到2007年，全球的童子军运动在216个国家有4 100万名成员。对不计其数的男孩来说，如美国前国防部长罗伯特·盖茨所说，童子军是他们"迈向最重要的目标——成为优秀的人的第一步"。盖茨说："今天我们生活在一个年轻人的身体越来越差、整个社会因为安逸而凋萎的美国。

我们每天看到的公共和私人生活像著名新闻专栏作家沃尔特·李普曼所说的那样，是人类品格的灾难和灵魂的灾难。"但是在童子军中并非如此。

不幸是一种训练

斯巴达人的精神可以被推得很远——它可以导致法西斯主义的对精神或身体残缺的不宽容，不管是对你还是任何其他人（纳粹在他们的学校教授斯巴达的历史，好像他们的优生工程受到了斯巴达人杀婴做法的启发）。在理解奥林匹克"更快、更高、更强"的口号时，你也可能会陷入激进主义，变得痴迷于创造"完美的身体"，用一切技术或药物来提高身体的力量，但是真正令人敬仰的是他们的道德力量，像我一样，你即使不是查尔斯·阿特拉斯，也能够培养出道德力量。这第二种力量的一个好榜样是萨姆·苏利文。

来自温哥华的瘦高、健壮的萨姆在19岁时的一次滑雪意外中摔断了脊椎，他的胳膊、大腿和身体都不能动了。6年间，他跟抑郁和自杀冲动做斗争。后来，他以哲学的视角来看待他的遭遇，使得他的精神不会跟身体一起崩溃。他说："我试了许多不同的动脑游戏，来看待我的遭遇——我说的不是无足轻重的游戏，而是哲学意义上的游戏。比如，我想象我是约伯（《圣经·旧约》中的人物），上帝俯视着我，对我说："在现代社会，任何人有两条健全的胳膊、两条健全的腿都可以活动，但是让我们取走他的胳膊、腿和身体——现在让我们看看这个人是由什么组成的。"

　　萨姆转向了斯多葛派哲学，来赋予他道德力量以应对他身体上的残障，用斯多葛派的忍耐哲学帮助他度过他双臂缓慢、痛苦的恢复过程。然后，斯多葛派哲学激励他重新跟社会打交道，开始为改善温哥华残障人士的处境而奋斗。他对我说："斯多葛派最吸引我的一点是，献身于公共生活。比如斯多葛派的奠基人芝诺，在行动的中心彩绘柱廊下溜达。"萨姆代表残疾人，要求温哥华的街道、公共交通和公共服务更方便残疾人使用，争取公共资助。他向温哥华引进了残疾人攀岩。他进入了温哥华市议会，接着在2004年当选为市长。

　　他成为市长后最初的国际责任是前往都灵，出席2006年冬奥会闭幕式，去接过奥运会会旗，为2010年温哥华冬奥会做准备。他开玩笑说，很奇怪的是，温哥华派该市滑雪最差的人出席这一活动。苏利文从都灵市市长手中接过巨大的奥运会会旗，把它放在他的轮椅上特制的插孔中，然后转动轮椅，挥舞旗帜。他说夜里他在温哥华的停车场上练习这一动作。上千万观众目睹了这一画面（在视频网络YouTube上还能看到），萨姆随后收到了5 000多封电子邮件、信件和电话，许多是残疾人发来的，说他们受到了那一场面的鼓舞。萨姆说："真的，我认为接过会旗并不是我担任市长期间最大的成就。"也许不是——但那一刻确实很酷。它让我想起爱比克泰德的一句话："当困难降临在你头上，要记住，神与摔跤教练一样，给你找了一个强壮的年轻人做对手。你也许会问，为了什么呢？因为这样你可能会成为奥运会上的胜利者。"

04

接受和适应人生中的不完美

　　37岁的法律执行官杰西说："我成长于20世纪80年代初的芝加哥北部。那一带相当乱。"20世纪80年代，在芝加哥北部第一次出现了现代街头帮派。正是在那里，"拉丁国王"、作恶大佬（Vice-Lords）和"匪徒门徒"等黑帮首次联合、壮大，直到人数达到好几万。杰西说："我就读的高中有许多黑帮。不断有人被刺伤或中弹。我没加入过帮派，所以我经常被人找碴。我不打架，因为那会带来更多的麻烦。我学会了避免麻烦，从他们的标志能认出帮派分子。"最后，杰西的母亲把他带离了公立学校，借钱送他去了一个天主教私立学校。但是，他早期环境中的暴力和压力一直伴随着他，今天他仍在跟易怒的脾气做斗争。他的家庭教育也很粗暴——他是非婚生的孩子，父亲酗酒，是一个"很可怕的父亲"，一度消失了好多年。

　　毕业后，杰西进了伊利诺伊州库克县的警长办公室。最后他负责管理监狱，他要跟许多他童年时尽力躲开的帮派分子面对面打交道。他说："在街上，那事关你的荣誉，事关你是否得到了尊重。如果你看我的方式不对，你就是不尊重我。如果我不变得狂暴、向你走去，我就是一个懦弱的人。"这种街头规则某种程度上依然在他心中。他说："我这辈子脾气都很差。"如果一个帮派分子在监狱里不尊重他，如果在他警长办公室的一位下属无礼，他会发怒，哪怕他会因此而在路上被人砍伤。旧的街头规矩是，如果有人不尊重你，你就要走上前去，不然你就是一个懦夫，他现在仍然这么认为。

30岁的时候，他了解到了斯多葛派哲学。他第一次了解到的是塞内加，在他父亲送给他的一本关于人文主义的书里看到的。"他的话刺中了我的心。他高尚、正直，他做了正确的事情。他的思想没有用一些我必须相信的神奇故事侮辱我的理性。"他通过前"绿色贝雷帽"托马斯·贾勒特少校教的斯多葛训练课展开他的练习，贾勒特成了杰西的导师，教他斯多葛派哲学和认知行为治疗的技巧。当外界环境中的某种东西激发了杰西的脾气，他会打电话给贾勒特，在电话里跟他详尽讨论，直到他得出对情境的理性解释。当贾勒特被召集去伊拉克服役时，杰西独自继续他的练习："我坚持定期阅读。如果白天我有10分钟的空闲，我就会拿起书，读塞内加、奥勒留或爱比克泰德。我仍会做笔记。如果某件事引发了我的负面情绪，我会回家，跟自己理性交谈，直到我找到一些安宁。"

慢慢地，杰西开始在愤怒控制方面有了一些进步：

"有一回，我在禁闭室工作，有一个人被关在那里。我像斯多葛派教导的那样，很努力地尊重他，对可疑情况没有把握时就不责怪他。如马可·奥勒留所说，我们的工作是做有益于他人的事情，容忍他们。但是我在搜查他时，看到他试图藏匿一些不属于他的东西。这令我很生气，我已经尽可能地不怀疑他，他还做这种勾当。我就朝他走了两步，接着我就停下了。我想起了那天早上我读的奥勒留的一段话：'当你早上醒来时，告诉你自己，今天你遇到的人会是爱管闲事、忘恩负义、傲慢、不诚实、忌妒和坏脾气的人。他们之所以这样，是因为他们分辨不了善恶。'我突然意识到，这个人不明白事理。那是因为他成长于其中的文化，或者他错误的思维。悲剧在于他可能永远都是这样。所以我没管他，就让这件事过去了。"

杰西说，有时他的同事会跟帮派分子一样易怒。他说：

"我曾经无意中听到我的助理们笑话我。我们在给警车加油，他对我咧着嘴笑，好像我是一个大傻瓜，这使我很生气。我想抓住他的脖子。但相反，下班回到家之后，我坐下来，努力符合逻辑地思考这件事。我想了这个人，他如何谈论他的朋友，我想，这跟我无关，他就是这样的人，他一直都是这个样子。这么做很管用。"

通过斯多葛式的练习，杰西已经在某种程度上超越了他成长时身处其中的尊敬和报复的街头规则，达到了更高的规则。

他说："我懂得了没人能够妨碍或阻挠我们。没人能够伤害我。障碍变成了道路。我更加清楚地意识到了这一点。但我发现现在做到这一点很难。我仍在练习。学术化的斯多葛派让我感到难过，他们把斯多葛派哲学只当作一种智力追求。我天生不是一个冷静的人，所以我要很用功才能成为一个斯多葛派。"

塞内加：一位政治家、银行家与自学权威

西方文化中最早的愤怒控制著作是塞内加写的，他生活于公元前4年到公元65年的罗马帝国。塞内加出生于一个富有、有权势的伊比利亚家庭，在他很小的时候，他的家人就开始为他从政做准备。但是，他发现罗马贵族的生活非常不稳定。他一生大部分时间都在生病，受到哮喘和令他想自杀的抑郁症的折磨。在卡利古拉和尼禄那样疯狂的独裁者手下，做一位杰出的政治家是非常危险的。他做了一场精彩的演讲，激起了皇帝卡利古拉的妒意，导致他被流放出罗马。全因为他病重，卡利古拉以为他将不久于人世，他才免于一死。在他生命中的最后10年，塞内加回到罗马，成为年轻的皇帝尼禄的老师，因为放债而积聚了一笔财富，一度是罗马最有权势、最富有的人。但是他最终因跟尼禄争执，被控密谋反对尼禄，被迫自杀。

在他一生中，以及面对死亡的时候，塞内加转向斯多葛派哲学寻找力量和慰藉。罗马的贵族都会被传授一些斯多葛派哲

学，但是塞内加好像对它特别热衷，用它来应对他的疾病和政治上遭受的挫折。他写道，哲学"塑造和建造灵魂；它使我们的生活有序，指导我们的行为，告诉我们应该做什么、不应该做什么……每个小时都会发生无数需要建议的事情；可以在哲学中找到这样的建议"。塞内加还送出了许多斯多葛派的建议。他从没建立哲学学校——他是被按照政治家培养的，他想去政治斗争最激烈的地方。但是他给朋友和熟人写斯多葛主义的信，安慰遭流放的人、丧子的人，或遭到其他不幸的人。在个人遭遇不幸时，收到塞内加冗长、华丽的信件一定是很奇怪的经历，尤其当这些信看上去是写给广大读者而不是特定的收信人的。然而，即使我们不会找他做自己的治疗师，我们仍然可以把他当作作家来敬仰。他的信件、随笔和悲剧都是文学杰作，对后来的时代产生了很大的影响，尤其是伊丽莎白时期。T·S·艾略特说，塞内加的斯多葛主义对莎士比亚的世界观产生了最重要的影响，你可以在莎士比亚最优美的演说中听到塞内加的回声。

塞内加控制愤怒情绪的秘诀

　　塞内加不仅是一位伟大的作家——他还是一位优秀的心理学家，他对情绪尤其是愤怒的洞见，对现代的愤怒控制产生了最重要的影响。塞内加最早的关于愤怒控制的作品之一是《论愤怒》，是他写给他的暴脾气弟弟诺瓦都斯的信（历史没有告诉我们诺瓦都斯是否感谢了他的建议）。它问的第一个问题是：愤怒是可控制的吗？我们能控制我们的激情吗？还是说它们的出现是无意的、非理性的、不可控制的？我们的激情肯定觉得我们控制不了它。一旦它们控制了我们的身体，我们没法轻轻地关上我们脑袋中的开关，变得非常冷静、理性。但是塞内加坚持认为，在一个时刻，就在情绪爆发的那一刻，我们是有选择的。愤怒源于我们对情境做出的判断。塞内加说，这种判断典型样子是"我受到了某人或某事的伤害，我报复他们是合适的"。这种判断可能已经成为了习惯，变得根深蒂固，以至于我们根本没意识到这是一个判断，而不是客观事实。但是，如果我们像苏格拉底教导的那样，省察我们的心灵，我们可以看到造成我们激情产生的信念，并决定我们是不是想接受这些信念。

塞内加给出了短期和长期的愤怒控制技巧。在短期应急措施中，首先，最重要的是弄清触发你的东西："让我们记下什么特别能够触怒我们……不是所有的人都是在相同的地方受了伤；所以你要弄清你什么地方比较薄弱，这样你可以给予它最强的保护。"其次，当你感到怒气正在降临时，休息一下，如愤怒控制专家所说的"愤怒最好的解药是等待"；塞内加写道："让它引起的最初的激情变得越来越弱直到消失，覆盖了心灵的浓雾消退。"再次，试着微笑而非皱眉："放松面部表情，让我们的声音更柔和，脚步更缓慢；逐渐地，外部特征改变了内在的情绪。"

还有需要解决的长期的结构性问题。其中一些问题是社会和行为方面的。社会心理学家探讨"社会传染"——我们会从周围的人那里学来好习惯和坏习惯。塞内加说过类似的话："恶习偷偷地走来，并迅速传给身边的人。由此，就像在瘟疫时不要坐在感染了瘟疫、受到疾病折磨的人的尸体的周围一样……在选择朋友时，我们一定要注意他们的品格。"所以如果你有易怒问题，不要让你周围充满愤怒的人（尽管即便你是一名警察、士兵或者囚犯，你所处的环境会迫使你跟愤怒的人交往）。长远来说，我们还需要挖掉和拆除愤怒的认知根源。塞内加写道："如果我们反复地把愤怒所有的缺点放在我们的眼前，对它形成正确的判断，我们就能阻止自己变得愤怒。"关键词是"反复地"。我们需要反复地挑战导致愤怒的核心信念，因为这些核心信念已经变得根深蒂固、习以为常。旧习惯需要被新习惯取代。

我们需要挑战的核心习惯性信念是认为"愤怒是合适的"，甚至"愤怒是有益的"。我们可能认为愤怒很阳刚、很勇敢、很有效。所以我们需要把愤怒放在被告席上，想想它到底是怎样的。首先，它看上去什么样子？它看上去很可怕：

"一时间粗暴、凶猛，当血液回流、散去后又变得苍白，接着变红，像是吞了血……血管鼓起，眼睛不停转动、突出，目光集中；牙齿咬得咯咯响，像是特别想吃掉谁……关节咔咔作响……胸口不停地跳，呼吸急促，发出低沉的声音，身体晃动，断断续续的语言夹杂着突然的厉声吼叫，嘴唇颤抖……相信我，野兽都没有一个怒气冲天的人那样可怕……"

这样怒气冲天时不仅面目可憎，还非常有害。它们会毁掉你的亲戚关系、你的友谊、你的家庭生活、你的生意，甚至是你的社交圈。我们的情绪是私人事务，但我们都相互关联，所以我们的坏脾气会感染全体国民，尤其当你是高官或皇帝时（尼禄杀害了他的许多亲人，包括他的母亲，疯狂的皇帝卡利古拉曾经把角斗场一片区域的观众全都扔到竞技场内，让野兽吃掉）。整个社会都有可能被怒火毁掉。塞内加指出，"无法用语言形容的疯狂"有时会控制社会，所以他们会发动鲁莽、计划不周详的战争，"没时间让公众的喧哗散去……直到一场大灾难使他们为轻率冒失的愤怒付出代价"。我们的时代也不乏这样的例子。

"过于乐观的期待"是一种陷阱

塞内加提出，也许导致愤怒的主要谬误是，对事情的结局过于乐观的期待。他写道：

"我们会被违背我们的希望和期待的事情激怒，这就是为什么会被家庭琐事惹恼、认为朋友的怠慢是过失的唯一原因。你会质问，为什么敌人做错事我们也会生气？因为我们没有预料到，或没有预料到伤害会有这么严重。这又是由于过度的自爱。我们认为，我们甚至不该被自己的敌人伤害；每个人内心都把自己当国王，都愿意得到任意行事的特权，但不希望因此而受害。"

　　愤怒多半是由于被宠坏了、孩子气、忘恩负义。当世界没有马上接受我们的国王态度时，我们就像孩子一样又闹又叫。我们想着世界欠我们什么，而不是我们幸运地拥有了什么。塞内加很不客气地对他弟弟说："你问你最缺少什么？你的账记得太差了，你把你付出了什么记得太高，但是把你的所得记得太低。"愤怒的人对世界欠他们的非常敏感，对他们得到的却视而不见。

　　如果过于乐观的期待是愤怒的主要原因，那么解决方法是降低我们的期待，努力让他们符合现实，这样我们就不会一直觉得世界失信于我们。斯多葛派尽力实事求是地看待世界，而不是要求它符合自己的期待。他们练习提醒自己世界的样子，以及我们可以期望去遇到什么。塞内加说，明智的人"会确保发生在他身上的事情都不是意料之外的。通过预测所有可能会发生的事情，他会弱化所有疾病的袭击，它不会给准备好了、已经有预期的人带来任何意外，而对那些毫不担心、只期望好事的人来说却会是严重的打击"。

　　斯多葛派尽力头脑清晰地估价我们生活于其中的世界，这样它的打击都不是意想不到的。塞内加说，我们生活在命运女神的地盘上，"她的统治残酷又势不可当，她心血来潮的时候，我们会遭受应得的和不应得的不幸。她会用猛烈、残忍、侮辱人的手段摧残我们的身体：有的她会用火烧掉，有的她会用铁链绑起来，有的会光溜溜地被她扔到流动的海水里"。她会摧毁城市，吸干大海，扭转河道……实际上，她会摧毁整个地球和星系，把它们吸入黑洞，然后又吐出来，直到最后，整个宇宙毁于一场大火（斯多葛派真的这么认为），然后重生。处于这一混乱中间的是人。"人是什么？一种虚弱、脆弱的身体，光溜溜的，天生毫无防备能力，需要别人的帮助，暴露于命运女神的羞辱之下，一旦其肌肉得到很好的锻炼，就成了野兽的美味。"

如果这听上去不太诱人，那就太糟了。斯多葛派说，事情就是这样，因此而生气毫无意义，就像因为下雨而生气。怒火源于我们高估了自己得到想要的东西的能力。那样做是把某种无人格的东西人格化了。我们对天气发火，说："它怎么敢对我这样！"但是它不是针对你的，它就是发生了。当有人对我们很粗鲁时怎么办？那肯定就是对我们的侮辱吗？不一定。想想对杰西无礼的同事。杰西思考了那个人的性格，最后认为他只是一个粗鲁的人。他总是那么粗鲁。所以期望他不粗鲁是过于乐观。不幸的是，其他人也都是这样。你可能会因为别人的轻率、粗鲁、无能、自私、不体谅别人而生气。但是事实是，人们就是这样，历来都是这样。所以要有所预期。你还可以一直提醒自己，你也是一个脾气暴躁、忘恩负义、粗鲁、自私的人。塞内加提出，这样你可能就会对他人的过错更加宽容了。我们要认识到，我们的理性和自控非常有限，成长为成熟的成年人非常困难。塞内加写道："你为什么要忍受一个病人精神错乱的行为、一个疯子的疯话，孩子们坏脾气的爆发？当然是因为，他们不知道自己在做什么……因此让我们更善意地对待对方。"

心灵是你最坚固的堡垒

斯多葛派的世界观也许看上去太悲观了。从某种意义上说，确实如此。塞内加是罗马最伟大的悲剧作家，他在戏剧和散文中描写的残忍、混乱的世界很接近莎士比亚后来在《李尔王》和《哈姆雷特》中描绘的世界。塞内加和亚里士多德一样，认为观看悲剧是一种群体治疗，提醒观众世界上会发生最糟糕的事情，所以当他们离开剧院，回到他们奢侈的生活，他们的自满和任性被动摇，学会了感激他们拥有的东西。我们给自己讲述灾难的故事，为不幸做准备。

另一方面，斯多葛主义是一种非常乐观的世界观，因为斯多葛派跟其他苏格拉底传统的学派一样，认为自然赐予了我们意识、理性和自由意志，这些赐福意味着我们可以使自己适应任何环境，以便在地球上得到幸福。在愤怒的人固执、教条的地方，哲学家们很灵活。他们知道如何耸耸肩，如何因势利导。斯多葛派相信逻各斯（Logos），我们将在赫拉克利特那里深入探讨这种宗教观念。逻各斯——斯多葛派有时称之为神或者宙斯——是一种渗透、连接和指引一切的神圣宇宙智慧。它是宇宙的"伟大指挥家"，由于它万物才得以好转。为了让逻各斯发挥作用，斯多葛派只需发展他们的理性和道德意识，理性是神的片段，用它去适应逻各斯带给他们的环境。任何东西在没有得到我们的许可时都阻挡不了这一使命。阻碍只会给斯多葛派的美德之火添加燃料。塞内加说，他们"认为所有的不幸都是一种训练"。命运女神只会破坏外在的东西，而斯多葛派认为外在的东西没有任何道德价值，应该通过超越命运女神、做正确的事情来追寻幸福和完满。他们这么做不是为了转世（斯多葛派跟柏拉图主义者不同，对来生问题不发一言），而是因为他们相信美德本身就是回报。像乌龟一样，他们从外界缩回，在马可·奥勒留所说的灵魂"内部的堡垒"中找到幸福。由于真正有价值的不是他们的房子、职业或名声，而是他们的灵魂，所以外界的一切都不会真的伤害他们。如果有人侮辱他们的尊严，他们就没有真的受伤：斯多葛派哲学家克里安西斯（Cleanthes）天生脸皮厚、与人为善，以致他的弟子们给他取了个外号叫"驴子"。斯多葛派忍受一切侮辱，因为他们知道，除了自己的恶习，比如愤怒，其他什么都伤害不了他们的灵魂。斯多葛派还认为，逻各斯把我们所有人联系在一起，因为我们都具有理性的灵魂。宇宙是一个相互连接的城市，一个大都市，我们都是它的公民，所以我们拥有相互忍受的道德义务，不管我们源自哪个团体、民族和国家。但是，重要的是，对逻各斯的尊重不等于斯多葛派被动地接受他们所处时代的政治环境。逻各斯使一切最终都变好，但是这一宇宙的历程可能会需要你的奋斗，甚至要你为正义而献身。

战士的哲学

我们在爱比克泰德的课上看到，美军如何使用斯多葛派启发的认知行为治疗技巧，教士兵学会坚韧。实际上，在士兵综合项目 2009 年 11 月被引入之前，美军已经在使用杰西的老师托马斯·贾勒特上校的著作，直接向一些士兵传授斯多葛主义，用坚韧和愤怒控制帮助他们。贾勒特曾经是"绿色贝雷帽"的一员，1993 年退役，在阿尔伯特·艾利斯那里接受咨询师培训。通过艾利斯，贾勒特遇到了斯多葛主义，发现它比认知行为疗法更有吸引力，认知行为疗法使用了斯多葛派的技术，但是完全没提美德、荣誉、义务和其他斯多葛派的价值观。

当 2002 年第二次伊拉克战争爆发时，贾勒特回到部队并前往伊拉克，在那里开一门课，叫"军人的适应和成长"。贾勒特会乘飞机，给驻扎在伊拉克各地的连队上课，或者在巴格达自由营地的一个角落开课，贾勒特把那个角落称为"苏格拉底咖啡馆"。他给 14 000 名士兵上过"军人的适应和成长"，教他们认知行为疗法的认知技巧，以及爱比克泰德、马可·奥勒留和塞内加的洞见。贾勒特跟我谈了他的工作，虽然他很小心地说那只是他自己的观点，而非美军的观点。他说："斯多葛派哲学家是久经世故的人，就像上'军人的适应和成长'课的战士一样。我发现，士兵们对认知行为疗法忽略的斯多葛派的道德和义务语言很有共鸣。我认识的大部分士兵参军是出于为国效力的念头，而不是为了获利。他们喜欢古代战士的精神特质这个概念。

他们也许不知道斯多葛主义是什么意思，但是他们都看过《300勇士》，看过《角斗士》……"（贾勒特本人可能信奉古代战士的哲学——他右臂上文有罗马军团的徽章。）

贾勒特努力训练士兵跟他们的消极信念和非理性期待等"内心的造反者"做斗争。比如，在巴格达，一位士兵去找他，这位士兵对他的军士的行为感到愤怒，觉得自己没有被公平对待。贾勒特说："这也许确有此事，但是这位士兵反复说，就是不公平。他甚至带来一册士官信条，摔到桌子上，说军士没有遵守这些信条，让他感到沮丧……他应该遵守信条。我对他说，这就好比说每个基督徒都应该是圣洁的，或者每辆车都要能开。我们也许希望它如此，但它就没有这样。所以你要料到，为它做好准备，并加以处理。"贾勒特会努力教他的士兵"培养出坚韧和品格力量，为逆境和困难做好准备"。

他说：

"心怀期待会令人痛苦。做一个士兵就是会受苦。在训练时，我们让士兵受苦，帮助他们为战役做准备。我的一位朋友是俄罗斯特种部队的。他们在夜间非常累的时候练习进攻，当他们抵达障碍训练场的顶点时，他们走进了一堆肠子和猪血中，然后他们要爬过一个摆满了内脏的沟。后来他们到了车臣，看到了大屠杀，他们的精神也能够集中。那是非常动情、悲伤的时刻，也是相当平静的时刻。当你看到身边的人受苦时，你要控制你的情绪，当你有能力令其他人受苦时，你要遵守交战规则。"

贾勒特说："士兵需要一种哲学，使他们能够忍受，不把它看作受苦，而是看作一种奉献形式。我要认为我的生命没有保卫祖国重要。我要认为，如果我不这样，我就是在假装自己是一名士兵。如果你的哲学在最严峻的条件下没有起作用，那现在就放弃它，因为那是星巴克哲学。"

克里斯的故事：直面人生险境

贾勒特少校的另一个弟子是克里斯·布伦南。布伦南是芝加哥一位34岁的消防员，他在美国消防局教授斯多葛派适应哲学。他说，斯多葛主义在非常令人惊骇的条件下帮助他继续工作：

"消防局最先教给你的一件事是，当你进入火场，要记住问题不是你造成的，你是去解决问题的。有时你会看见一些非常可怕的事情，你要处理摔伤、烧伤、垂死的人、死者，这些会对你的交感神经系统产生强烈的刺激。这很自然。如果你在从大楼里拖出一个7岁大的遇难者时，你一点儿也不感到悲伤，那么你可能是适应不良。关键不是不动感情，而是认识到你一点儿也控制不了那个男孩已经遭遇的事情，你只能控制现在发生的事情。所以要把注意力集中于手头的任务和你正在做出的抉择，因为这些抉择事关其他人的生死。"

克里斯说，控制你的情绪反应部分依赖于管理你的期待。你需要预料到在工作时会遇到死亡："我们都认为奢侈和繁荣是我们的时代的常态，不再认为死亡和匮乏对世界上大部分地方来说是常态。由于社会的财富积累和技术进步，大部分美国人都不会目睹一个孩子死去。我们认为那不是事物的自然秩序。我们不会想象自己会死掉。我们不理会这一事实。我们不去想它。"克里斯说，有些人加入消防队时没有充分认识到这一工作的危险性。美国消防部门每年有5万例火场受伤，比美军在伊拉克和阿富汗战役中受伤的人加在一起还多。克里斯说："这是一个危险的工作，如果你选择它，某个时候你会躺到病床上。如果你不想面对这种可能，那么你就应说：'我干不了这个。这并不是不光彩的事。'但是如果你选择了这个，你就应该信守这一选择，哪怕那意味着要冒生命危险。"

克里斯说，消防队自"9·11"那天失去343位消防员之后就一直处于休克状态，为此他们使用了新的座右铭：人人都平安回家，以避免不必要的伤亡。"人人都平安回家"也是消防队引入的新的计算机模拟训练的名称，让新消防员受到培训同时又不会遇到危险。但克里斯说：

"你永远都不能彻底消除这项工作的风险。每年都会有100位左右的消防员牺牲。你能够也应该努力降低这一数字，但是你永远都不能把它降到零，除非你不把消防员派往火场。为什么要支持一个注定会失败的使命宣言呢？今天我们倾向于把死亡称为悲剧。但是如果有人为了救人，选择了冒生命危险，知道其危险性，那么那就不是悲剧性的死亡，而是英勇牺牲。这343位消防员英勇地牺牲了。我们队里就有一位。28岁的布莱恩，他冲进着火的大楼，去救一位坐轮椅的老人。他冲进去后，大楼火光一闪（意味着燃气在房间或地板中聚积，然后突然被引燃）。他知道大楼随时会火光一闪。但是他决定进去，在我看来那是正确的选择。对我来说，那不是悲剧性的死亡，那是英勇牺牲。我想这就是接受死亡随时会降临这一事实。这不是鲁莽，不是没有目标或目的。相反，这意味着每天都清醒地意识到今天、明天、明年你会遭遇不幸。所以不必拖延你想做的事情。不要把陪你的小孩玩球拖到以后。"

给社会的斯多葛主义

这就是勇敢的现实主义的斯多葛派，也许对我们许多人来说，作为生活方式，它有点儿太勇敢了（坚持一下吧，接下来是享乐主义）。我们也许会想，这种要求很高的个人主义哲学怎么会成为一个团体的基础。实际上，过去几年间，斯多葛派团体开始在线上和线下兴起。这在斯多葛派的历史上是比较新的现象：在古代，除了几所学校和用哲学信件相互通信的朋友圈之外，斯多葛派团体少之又少。现代斯多葛派团体利用了互联网这一优势。1999年，圣迭戈一位前假释官埃里克·维佳特做了一个网站，叫"斯多葛派登记处"，后来改为"新斯托葛网站"
（NewStoa.com），鼓励了上千位世界各地的斯多葛派"出柜"，
向世界宣布他们的斯多葛主义。他还建立了斯多葛派雅虎群，
现在仍在运作，还有一个在线斯多葛派学校。还有人建了斯多
葛派Facebook（脸书网）页面、聊天室、YouTube视频、播客和
博客，几位好心的斯多葛派把幸存的斯多葛派文本做成了免费
电子书。这种网上复兴开始在线下传播——我们中间的一些人
2010年4月前往埃里克位于圣迭戈的家中，讨论现代斯多葛派
并庆祝马可·奥勒留的生日。

　　建立一个斯多葛派群体并非易事，因为典型的斯多葛派是
好辩、非常个人主义的男性，他们从不放过任何一个通过脱离
来宣示其自由而非留在其中的机会。这是一个对斯多葛派来说
由来已久的问题——只要他们本着他们的良心，他们就不介意
眼看着世界的其他部分着火。1世纪的时候，罗马迷恋斯多葛
主义的议员小加图，如果他为了政治利益而同意他的侄女跟庞
培成婚的话，他本可以使罗马共和国免于内战。但是他不同意，
因为那违背他的原则。建立斯多葛派团体的另一个障碍是，有
些斯多葛派是一神论者，有些是无神论者，上天不容他们对自
己原则做出妥协、找到共同点。在去圣迭戈参加创始聚会时，
刚刚起步的斯多葛派运动就出现了第一次分裂，成员们争论斯
多葛派是不是一定要相信逻各斯。

　　斯多葛主义有朝一日能不能成为整个社会的哲学呢？在某
种程度上，它已经对西方文化产生了深远的影响，给了我们自

然法、人皆手足、我们都是相互联系的宇宙公民（现代的世界主义者即源于此）等观念。斯多葛派在维多利亚时代的统治阶级之间特别流行，那时他们在阿富汗等地为国效力，现在它在美军中间很流行，因为他们追随着大英帝国的脚步。但是斯多葛主义永远都不可能成为大众宗教：它是高度理性的哲学，没有任何仪式、节日、圣歌、符号和神话。它向知识分子发言，而不会同时像基督教一样诉诸情感，所以维多利亚时代的思想家马修·阿诺德认为，它只适合精英，大众需要的是更情绪化的东西。斯多葛主义经常对政治精英有吸引力，从加图到塞内加、马可·奥勒留，一直到腓特烈大帝、克林顿（我知道这看上去不太可能）和中国的温家宝——他说《沉思录》他读过100遍。但是值得注意的是，这些政治领袖都未曾试图把斯多葛主义灌输给他们的国民。马可·奥勒留是他那个时代最有权势的人，他知道让一个可以自由选择的人实践斯多葛主义有多难，所以他接受了这一事实：你永远也不能把它强加给不情愿的公众。

这堂课我们已经讲了斯多葛派接受和适应人生中的不幸这一美德。这种美德非常有用、健康。但是我们还要讲讲它不适应的方面：文明的许多巨大进步，比如婴儿死亡率的大幅度降低，源于人们固执地拒绝接受"事情的本来面目"。

但是，虽然斯多葛派相信宿命论和冷酷的清教主义，他们仍能教我们许多东西。虽然"斯多葛派"的现代含义是"压抑自己的情感的人"，实际上斯多葛派对于情感的起源以及我们如何不压抑它们，而是转化它们有着深刻的理解。如哲学家玛莎·努斯鲍姆所说，斯多葛派对情感的分析之"精妙和中肯在西方哲学史上从未被超越"。由于斯多葛派对认知行为疗法的影响，几百万像我这样的人现在体会到了，斯多葛派转化情感的观念与技巧很有益处。我们也许不接受斯多葛派对外界彻底不动感情的超然目标，但是理解情感的起源与转化对我们仍大有裨益。今天只有一些斯多葛派的中坚分子还在追求变得完全没有激情这一目标。今天更普遍的是亚里士多德式的立场：对世界谨慎的情感反应是恰当的、有用的，只要我们不让情感变成慢性的情感困扰。大部分哲学家和心理学家都不赞同斯多葛认为的"内在美德就足以获得幸福"这一理论。他们更喜欢亚里士多德式的立场：有些外界因素对幸福生活来说是必需的，比如充满爱意的家人、朋友圈、体面的家、令人愉快的工作和自由的社会。如果失去这些东西，在亚里士多德看来，我们就遭到了损害。这意味着人性是脆弱的——我们会因为不幸的意外而失去我们的善良。我们能被灾难毁掉，不仅在身体上，更在品德和精神上。这是玛莎·努斯鲍姆在《善的脆弱性》一书中提出的观点，她当然是对的。贫穷能够破坏我们的品质，创伤能够破坏我们的品质，凌辱、漠视、战争和残暴能够毁掉我们的品质。但我仍敬佩斯多葛派，他们坚持的不是人性道德上的脆弱，而是它的适应力、它的内在力量、它有尊严地挑战逆境的能力。对这一态度最好的概括，也许是威廉·欧内斯特·亨利（William Ernest Henley）19世纪的一首诗《不可征服》（Invictus），它一直激励着身处狱中的纳尔逊·曼德拉：

透过覆盖我的黑夜，

我看见层层无底的黑暗。

感谢神赐我，

不可征服的灵魂。

就算被地狱紧紧攫住，

我不会畏缩，也决不叫屈。

经受过一浪又一浪的打击，

我满头鲜血，却头颅昂起。

在这满是愤怒和眼泪的世界之外，

恐怖的阴影在游荡，

还有，未来的威胁。

你会发现，我毫不畏惧。

无论命运之门多么狭窄，

无论我将肩承怎样的惩罚。

我，是我命运的主宰，

我，是我灵魂的统帅。

哲学的盛筵

PHILOSOPHY
BUFFET

伊壁鸠鲁主义者

牛奶、橄榄、奶酪（贺拉斯的学生可以喝一杯酒）

毕达哥拉斯主义者

面包、蜂蜜（没有豆类）

赫拉克利特主义者

草

柏拉图主义者

共享大麻

普鲁塔克主义者

恺撒沙拉

亚里士多德主义者

切开的章鱼

斯多葛派

不得吃午餐，不许抱怨

05

享受当下的艺术

　　我走进位于韦斯特伯恩的懒人学院（Idler Academy），浏览书架中的书，一位年轻的店员给我端来一杯茶和一些饼干。不久，一个穿着皱巴巴的西装和橡胶底帆布鞋的人眨着眼睛从地下室走出来。"哦，你好，"该学院的创始人、43 岁的汤姆·霍奇金森（Tom Hodgkinson）向我问好，"我刚刚打了个盹。"作为近来古代哲学在现代生活中复兴的一部分，一些有事业心的思想者以古代模式创建了哲学学校，普通人在学校里聚会、就餐、饮酒、学习生活的艺术，就像过去学生在雅典、罗马、亚历山大港等地所做的那样。有一所这样的学校叫懒人学院，是汤姆 2011 年在伦敦西部创办的。他希望他的学院能把 18 世纪咖啡馆中的低声交谈跟古代悠闲的哲学探讨结合起来，类似柏拉图、亚里士多德、伊壁鸠鲁和斯多葛派的学校里进行的哲学探讨。目前仍处于创办初期，学院还有些混乱——相当混乱。上周，水管爆了。这周，锅炉又出了故障。一位顾客的订单找不到了（学院有一家书店），今晚的哲学工坊需要的一切都还没准备好。建立一家小企业是一件很艰苦的事情，汤姆叹着气说："压力很大！"但总体上说，当地的企业对于这一不同寻常的冒险都很友好，很乐于伸出援手。

汤姆的新哲学学校是这一大胆、非传统的职业最新的一个实验。实际上，称之为"职业"也许不恰当。汤姆曾经写道："职业有努力的含义，它是中产阶级的苦恼。"在剑桥大学学习哲学后，汤姆的遭遇始于伦敦一家周末报纸的杂志。他痛恨这份工作。他从悠闲地参加派对、听摇滚乐的学生变成了7点半起床的上班族，一天大部分时间在无趣、没有灵魂的办公室度过，在那里工作人员不可以相互交谈。回顾这份工作，他意识到他也许大学毕业后"有些膨胀"，他的新雇主只是想让他谦逊一些。但是他仍觉得这段经历让他很受伤。"我记得去看我父母时，我大哭了一场。20出头时是人很奇怪的阶段。每个人都害怕失败或不适应。甚至在派对上也互相攀比，你自己在做什么？那时，我的朋友好像都比我更成功。"为了摆脱恐怖的办公室生活，他和他的朋友在周末玩得很疯狂，但是狂喜后的失落"只会加重周一的痛苦"。最后报社解雇了他，但是汤姆没有被这一挫折压倒，他决定独辟蹊径。1995年，26岁的他办了一份另类杂志《懒人》(Idler)，赞美"X一代"抛弃激烈的竞争，追求享乐、创造和对政治冷漠的精神。

《懒人》的精神是无政府主义，但它是一种不会用暴力威胁任何人的无政府主义。这份杂志的标题都是"如何不用真的去

尝试就能拯救世界"、"躺下来抗议"。汤姆写道："摧毁政府的
最佳方式是不理睬它，希望它消失。"他倡议不去投票，尽可能
少缴税，不做抵押贷款和养老金计划的奴隶。它们都是资本主
义的阴谋，想使我们为了遥远的将来的幸福而推迟当下的享乐。
汤姆宣称："将来是资本家的构想，这种观念令我们沉默：在将
来某时，状况会变得更好。但是不要等待退休的光辉岁月，让
我们现在就享乐。"我们应该尽可能少工作，尽可能多地向政府
和贵族讨要，尽可能地痛饮生活这杯酒，但不要让任何享乐变
成瘾。汤姆说："关键不是抛弃享乐，而是掌控它们。"《懒人》
的哲学从一开始就奇怪地融合了对生活方式的展示和自我拯救。
汤姆说，它是对没必要的压力和因为竞争而感到焦虑的治疗，
他向读者保证："懒散，什么也不做 —— 真的是什么都不做 ——
有助于遏制焦虑。"

　　很快，杂志就走上了正轨。汤姆的《懒人》宣言与20世纪
90年代伦敦放荡不羁的精神吻合，从一开始他就表现出了联系
到采访对象和外稿的天才，约到了达米恩·赫斯特、威尔·瑟夫、
路易斯·梭罗、阿兰·德波顿、污点乐队的亚历克斯·詹姆斯、
KLF（意为"版权解放战线"）乐队的比尔·庄蒙德等。"我们乐
于采访所有没有固定工作而过了一辈子的人。"《懒人》多样化
经营，也出书，如美化懒人生活方式的《如何做个自由的人》
《悠游度日》《懒人之乐全书》，以及其他攻击竞争的书，比如
《垃圾工作》。汤姆公开赞美懒惰生活之乐，却忙碌、成功得令
人吃惊。

　　还有派对："过去每次新一期出来的时候，我们都会办派对，大概有五六年的时间。我们在法灵顿（Farringdon）半非法的地方办派对。那真的是一个波希米亚式的居住点，充满罪犯和毒贩。那真是很狂野的派对，有大约300人参加，有卡巴莱歌舞表演、喜剧，还有'星座战场'（Zodiac Mindwarp）之类的乐队出席。"我去过一次他们的派对，记得有一位卡巴莱舞演员用一根铁丝拴在她的乳头上，从天花板上垂下来。但是在30出头的时候，汤姆和妻子维多利亚决定抛下狂野的伦敦夜生活，搬到德文郡，他们在那里租了一个没有中央供暖的摇摇欲坠的老房子，致力于过田园风味的生活，自己种菜、养牲畜（包括几只雪貂），自己酿啤酒（"那场实验是一场灾难"，汤姆承认），悠长、缓慢地吃午餐。"我每天工作3小时，写作、写报道，就能吃上饭了，其余的时间我用来陪孩子玩、读书、散步，做任何自己想做的事情。"他和他妻子偶尔在周末组织郊区自足工坊，活动是跟阿兰·德波顿的人生学校一起办的。在波特·艾略特音乐节和英国其他节日上组织了哲学工作坊之后，汤姆决定建立自己的学院。学院开设3种课程：哲学、畜牧业和娱乐。

伊壁鸠鲁花园里的快乐哲学

　　汤姆的懒人哲学是无政府主义、逃避责任、怀恋可爱的英格兰、享乐主义者的自由主义的奇怪混合，但是对它起决定性影响的是懒人运动的偶像伊壁鸠鲁。伊壁鸠鲁公元前341年左右出生于萨摩斯岛，那也是毕达哥拉斯的出生地。他曾在雅典军队服役两年，之后就致力于研究和教授哲学。他是最早因为所传授的哲学而陷入麻烦的人之一，被逐出莱斯沃斯岛的米蒂利尼。伊壁鸠鲁生活于希腊历史上的动荡时期，公元前4世纪末和公元前3世纪初（正是斯多葛派兴起的时期），希腊的城邦受到马其顿帝国的攻击。伊壁鸠鲁没有反对马其顿帝国，而是倡导了一种退出社会的哲学。他对他的追随者说："当我们的同胞还算安全时，哲学家就应该追求一种从人群中撤出的安静的私人生活。"知识分子应该努力"活得不被觉察"。所以他和他的一些朋友凑钱在雅典郊外的河边买了橄榄园中的一幢房子，建了一个哲学公社，他们称之为"花园"。花园的入口处上方写着："陌生人，你将在此过着舒适的生活。在这里享乐乃是至善之事。"

伊壁鸠鲁教导说，快乐是"人生的全部"。没有绝对的善和恶，只有带来快乐的想法和行为，以及带来痛苦的想法和行为。伊壁鸠鲁在某种程度上信神，但认为神都很懒，在宇宙某个遥远的角落过着自足的无精打采的生活，完全不为人类的事务所动。我们应该努力变得像神那样无忧无虑、无动于衷。同样，伊壁鸠鲁相信，我们不会因为过享乐的人生而在来生遭到惩罚。他的哲学一个很重要的部分是对物理学的研究，尤其是天体物理学。伊壁鸠鲁追随5世纪著名的"微笑哲学家"德谟克利特，提出了一种原子论物理学：宇宙是一团根据机械法则旋转的原子，人类死去时我们只是分解回天空中的原子。但是，当我们活着的时候，由于某种不可思议的好运，我们拥有意识、理性和自由意志，这意味着我们拥有过幸福、享乐的生活所需的一切。如伦敦公交车车身上引用的理查德·道金斯的一句话所说："也许没有什么上帝。别再担忧了，享受生活吧。"

伊壁鸠鲁对我们说，我们在消失之前只会在这个星球上待一些年，当我们在这里的时候，并没有什么非做不可的事情。我们不需要去取悦谁。不需要去听从什么命令。我们可以选择享乐，而不是找理由去受苦。我们可以理性地选择快乐。这以前是，并将仍旧是一个令人震惊的建议。不害怕来生和神的惩罚，那什么能阻止人们随心所欲地享乐？那样会出现锐舞派对、街头狂欢。其他哲学学派——斯多葛派、柏拉图主义者、亚里士多德主义者，以及后来的基督教——对伊壁鸠鲁的享乐哲学持有深深的怀疑，对他做出各种指责。有人说伊壁鸠鲁沉浸于美食美酒，直到生病；有人说他写色情文学；有流言说他和他的追随者沉浸于彻夜的性派对。这些诽谤一直持续到今天，词典里说伊壁鸠鲁主义者是"致力于追求感官快乐，尤其是美食美酒的人"。如今，如果你在网络上搜索伊壁鸠鲁学派，你会被直接引向伊壁鸠鲁美食学校，该校开设预先烘焙、蛋糕装饰和"精通巧克力"等课程。

真正的快乐对物质的依赖十分有限

但是流行的伊壁鸠鲁的形象也许是不真实的——至少最初的公社不是这样。如果伊壁鸠鲁是一个享乐主义者，他其实是一个非常简朴、理性的享乐主义者。他的财物很少，饮食方面只吃面包、橄榄和水。在特别的节日，他可能会吃一点儿奶酪。"精通巧克力"对他来说也许意味着抵制巧克力，或者只吃一小块。他写道：

"当我们说快乐是人生的目标时，我们的意思并非一些人无知、偏见或曲解的那样，是挥霍的快乐，或者感官快乐。我们说的快乐是身体上没有痛苦、灵魂上没有烦恼。它不是不停地喝一通酒，或者狂欢，也不是性爱，不是享用鱼和其他奢侈的美味；它是清醒的思考，寻找每一个选择和回避的基础，消除那些给灵魂带来巨大困扰的信念。"

他的罗马学生有些接近于现在的美食家——他们喜欢美酒、美食和舞女，每个月20日聚会，举办哲学宴席，庆祝伊壁鸠鲁的生日。贺拉斯便是这类伊壁鸠鲁主义者，他写过许多漂亮的诗歌，赞美他悠闲地作诗、饮酒的生活。斯多葛派会强烈地反对这种态度。

伊壁鸠鲁主义者虽然跟斯多葛派是敌人和对手，但他们和斯多葛派都把哲学看作一种心理治疗。这两个学派都认为哲学能使我们更幸福，帮助我们消除导致情感困扰的错误信念，让我们自由地过自足、平静的生活。伊壁鸠鲁主义也许不像斯多葛派那样奋发，它可能没用那么多搏斗的隐喻，但它仍然需要我们去工作。"我们必须在那些能给我们带来快乐的事物中锻炼自己。"伊壁鸠鲁写道。它需要努力去实现快乐的人生，因为我们经常在错误的地方寻找快乐。我们会做出糟糕的选择，这令我们的情绪不安。所以我们必须变成理性的享乐主义者，不是出于什么严峻的道德感或责任感，而只是出于理性的自利。"没有什么快乐本身是邪恶的，"伊壁鸠鲁向他的追随者保证，"但是带来某种快乐的事物产生的烦恼会是快乐的数倍。"

伊壁鸠鲁给人类的欲望做了分类。"对于欲望，有些是自然的，有的是没有根据的。对于自然的欲望，有些既自然又必要，有的只是自然的。"为了实现平静的生活，伊壁鸠鲁主义者要省察他的欲望，看看它们真的是自然的、必需的，还是相反。他们要考虑它会带来的快乐，以及痛苦和不便，并且要"比较这二者"。以抽烟为例，尼古丁会令你想抽烟想到奋不顾身——烟瘾在你心头挥之不去，你早上的第一个念头，以及一天中每一秒的念头都是"我迫不及待地要抽烟"。但是，抽烟到底有多快乐？它是否真值得为之付出那些代价——不利于健康且限制之后的其他活动？我们要评估它带来的快感和痛苦。再比如，我们可能爱喝香槟，但是如果我们喝得太多，我们可能会生病，如果我们习惯了喝香槟，我们要么需要努力工作去还信用卡账单，要么奉承有钱的资助人，让他们给我们买。不管怎样，我们都会变成自己的饮酒爱好的奴隶。我们还会总是担心喝不到唐·培里侬，最后只能在小巷里喝特酿。为了实现更加连续不断的平静，理性的享乐主义者学习去限制自己的欲望，限制到容易实现的程度。"使自己习惯于简单、便宜的饮食，满足健康所需，使自己不惧命运。"伊壁鸠鲁写道。

你的欲求越少、越简单，这些欲求越容易实现，你要干的工作越少，你越有时间去跟朋友们一起玩。实际上，为了过上幸福的生活，你需要的只是基本的安全、你的健康、你的理性和你的朋友们。伊壁鸠鲁把友谊放在幸福生活的核心，他说："在智慧为保证终生的幸福而得到的手段中，目前最重要的是得到朋友。"对他来说，这远比性爱重要，性爱会带来忌妒和各种情感困扰；也比家人重要（他没结过婚）；也比国家重要。伊壁鸠鲁主义者拒斥腐败的政府，形成了他们自己的友人圈子。伊壁鸠鲁宣称："友谊在世界上到处舞蹈，命令我们认出快乐。"

享受当下

我对伊壁鸠鲁哲学有所保留，但是它也有一些绝妙的观点。伊壁鸠鲁认识到，我们的享乐能力差得令人难以置信，我们编造悲伤的理由时又是那么的天才。我们会推迟享乐，在挤进地铁去上令人筋疲力尽的班时，告诉自己未来的某个时候我们会快乐，当我们升职的时候，当我们有了钱的时候，当我们退休的时候。同时，当下未被觉察、未被享受就流逝了。用伊壁鸠鲁主义者的话来说："你为什么要推迟享乐？"或者我们会说，因为过去，我们快乐不起来。我们现在快乐不起来，因为我们读书时受过欺负，或者我们的父母对我们很残忍。但是，受的欺负还在那里戏弄你吗？你的父母仍在控制你的生活吗？他们不是现在对你很残忍的人：是你对自己很残忍，令自己过得很悲惨。所以，为什么不给自己放个假，让自己快乐起来？塞内加敬佩伊壁鸠鲁主义的这一面，他写道："提起已经结束的困难有什么好，因为过去的经历而令自己现在不快乐？"这是伊壁鸠鲁主义的认知行为治疗跟心理分析的不同之处：心理分析鼓励我们扎进过去，去寻找我们今天的不幸的罪魁祸首。伊壁鸠鲁主义跟斯多葛派和佛教一样，把我们带回当下，以及我们此时此地的信念。禅宗老师艾伦·沃茨曾经说："事物不是用过去来解释的，它们是用现在来解释的。责任因此而诞生。不然你总是可以回头说，我焦虑是因为我母亲以前丢下了我，而她焦虑是因为她的母亲丢下了她，依此类推，一直追溯到亚当和夏娃。你要面对这一事实：这都是你干的。没有任何借口。"

　　或者我们会因为对未来感到焦虑而毁掉我们的快乐。"如果我失败了怎么办？如果我妻子离开我怎么办？如果我生病了怎么办？如果我死掉了怎么办？"伊壁鸠鲁主义者看着这些"如果"，无奈地耸耸肩。那么你该怎么办？为什么要因为担心可能的未来而毁掉现在？伊壁鸠鲁派诗人贺拉斯说得很好："让享受当下的灵魂学会不喜欢去担心未来。"如果将来发生什么倒霉事，哲学给了我们应对它的手段，如果我们死了，我们就再也不存在了，所以它并不是问题。"但是如果我死了，我就会失去所有未来快乐的可能。"怎么说呢，人生中并非全是好事。也许死掉比衰老、重病更可取。"但是我在来世因为享乐太多而受到惩罚怎么办？"

这个宇宙并不在乎我们做什么

在我们这个世俗年代，担心来世神的惩罚不是主要的关切——也许，直到我们临死前都是这样。但是它过去是焦虑的一个巨大来源。人类的想象受到噩梦般的死后遭遇的折磨。所以，伊壁鸠鲁主义的启示——享受此生，不要担心来世——才那么激进，对一些人来说，真的有解放意义。正如一位伊壁鸠鲁主义者的墓碑上所说："我还没出世，我活过，我死了，我不在乎。"

有一个人认识到了伊壁鸠鲁的启示的力量，他是伊壁鸠鲁最著名的追随者，公元前1世纪的罗马诗人提图斯·卢克莱修·卡鲁斯。我们对卢克莱修的生平几乎一无所知，除了后来的基督教作家对他的大量诽谤，比如圣哲罗姆说，卢克莱修被相思病逼疯了。幸运的是，我们还能看到他精彩、奇怪的诗歌《物性论》。这是卢克莱修把伊壁鸠鲁派哲学写成诗歌的尝试，他想用这种方式给他那些迷信的读者启蒙。对卢克莱修来说，就像在其他追随者那里一样，伊壁鸠鲁是一个神一般的人物、一位大师，他的宇宙论启示引发了"神圣喜悦的颤抖"。像真正的福音传教士一样，卢克莱修觉得他必须得把伊壁鸠鲁主义传播开来。如他所说，他的诗歌是把哲学的杯子变甜，让药更容易服下去。他的诗歌过去是，现在依然是非常罕见的创作，如当时的人认为的那样。在他之前，诗歌赞美神和战士。突然间，他用诗歌来描述宇宙的原子本性，去歌唱哲学之乐。他夸口说：

> 我乐于从一个瑰丽的花环上摘下奇异的果实，它是第一个缪斯给它戴上花冠的果实。

卢克莱修知道，如果想把人们从宗教的迷信中解放出来，就需要给他们讲新的神话、新的故事和新的歌。人文主义如今也明白了这一点，A·C·格雷林、理查德·道金斯等人在努力创作世俗故事、神话和诗歌。但是没有任何人超越卢克莱修2 000多年前的努力，他歌唱了原子的生活。他描写了宇宙的原子本性——元素如何聚在一起，然后又分离，万物如何"打上了虚无的洞"，宇宙如何遵守机械法则，如何对我们毫不在意——努力把我们从对死亡和神的惩罚的恐惧中解放出来。但我们仍坚持用这样的恐惧毁掉我们的生活：

> 有时对死亡的恐惧把一个人抓得那么紧，

以致他开始厌恶他的人生，袖手旁观，

他悲伤的内心决定自杀，

浑然不知这恐惧是他抵御不了的源头。

卢克莱修坚持认为："死亡对我们来说什么都不是。"在我们死后，我们不会存在。非存在没什么可害怕的。所以那就享受生活吧，明智地追求快乐，避免去想财富、宗教或性爱（卢克莱修小心翼翼地避免去爱上谁，他认为爱情带来的痛苦多过快乐）。这是一首精彩的长诗，今天对人们仍很有帮助：比如文艺复兴学者斯蒂芬·格林布拉特说，10多岁时读这首诗帮助他克服了他神经质的母亲灌输给他的对死亡的严重恐惧。但是当你真的病了、真的面对死亡时，快乐哲学真的足够了吗？

让我们的生命不留遗憾

哈维·卡雷尔拥有了她想要的一切。35岁时，她遇到了她的爱人，出了第一本书，还将开始她梦寐以求的工作，在布里斯托的西英格兰大学教哲学。未来看上去很美好。不久，她注意到她很容易就会喘不上气。她一直很健康，但突然她在有氧健身班感觉自己跟不上了，接电话时也爬不了山了。她以为她可能得了哮喘。2006年她去以色列看望父母时，她当医生的父亲建议她去做肺部CT扫描。扫描之后的晚上，她和她父亲把车停在放射诊所外，去取检查结果。哈维对我说："我坐在车上，等他回来。等啊等，过了半个小时，我知道出问题了，所以我就走了进去。我走进实验室，我父亲和放射医生正在看我的肺部扫描照片。我父亲看上去很震惊。医生看到我之后感到惊讶、尴尬。他对我说：

"'你知道你得了什么病吗？'我说我不知道。他说：'你读读这个。'他递给我一个巨大的诊断手册，翻到了一种叫淋巴管肌瘤的病。上面全是密密麻麻的专业术语，最下方写着，预期寿命：10年。我感到了身体上受到了深重的打击，就一直在想，我45岁时就会死掉。"

起初，哈维认为那一定是搞错了。后来，她感到愤怒。她是一位无神论者，但她仍然发现她会抱怨命运。

"我不抽烟，不喝酒，不吸毒，我总是很规律，但现在我得了一种相当罕见的病？好像这特别不公平。为什么是我？然后我想，我是不是遭到了惩罚？我刚写好自己的第一部书，关于死亡的。我在想，是不是写这一个话题导致我患上了这种病？我花了很长的时间才接受了这是随机事件，百万分之一的厄运。然后我不得不面对患上了致命疾病这一现实：最重要的是，医护人员只是把你当作一个失灵的身体，而不是一个生了病的人。然后你的很多朋友和熟人不知道该说些什么，所以他们就不管你了。而实际上，我很怕孤单。确诊后的几个晚上，我跟我的姐姐睡在同一个房间，开着灯。"

　　几个月后，哈维决定使用她拥有的一种资源：哲学。"我想，现在哲学对我能有什么帮助呢？如果没什么帮助，那就没有理由继续研究哲学了。"她发现伊壁鸠鲁是对她最有帮助的导师。她说："我知道我的未来已经被剥夺了，但是我仍然能够在疾病中找到快乐，只要使用伊壁鸠鲁专注于当下的技巧。我努力享受我当下所做的一切：比如瑜伽练习，或者散步，跟我的丈夫聊天。伊壁鸠鲁是对的：快乐很简单。"但是，伊壁鸠鲁说痛苦很容易忍受，对此哈维不太确定。实际上，随着她的病情的恶化，她发现忍受越来越困难。"你习惯了这种疾病的某个阶段，然后突然它变得更糟糕了，你的世界进一步收缩。我发现那很难忍受。"

　　幸运的是，2007年，一种新的药物稳定了她的病情。乌云散去，她的病情预测更加积极。哈维说，经历了这些之后，她感到无比轻松。但她说："你以为你永远都不会忘记，不要去担心琐事，要去享受当下，就像那是你的最后时刻。悲哀的是，你会忘掉这一点。你会被琐事缠住。"然而，哈维好像被这一经历改变了——尤其是，她的哲学观变了。她不再把哲学看作一种学术的、高度专业的学科，脱离普通人的关切，现在她在国民医疗服务制度中组织一个试点项目，向患重病的人提供"哲学工具包"。

用在生活中的伊壁鸠鲁主义

今天我们还能建立伊壁鸠鲁式的群体吗？有些这方面的努力。阿兰·德波顿和他的朋友们2008年在布鲁姆斯伯里创建人生学校时，有意识地模仿了伊壁鸠鲁的花园。德波顿在《懒人》杂志上写道："自从我在大学里了解了花园之后，它就一直萦绕在我的心头。我还想生活在一个哲学社区之中，而不只是孤独地在书房中阅读关于智慧和真理的书籍……所以我和我的几个有哲学头脑的朋友在2008年秋天开办了我们自己的'花园'。"人生学校像懒人学院一样，有一个书店和一间用作工作坊和交谈的教室。每周日，它还在康韦举办"世俗布道"，第一次是2008年汤姆·霍奇金森讲的。书店中有纪念伊壁鸠鲁的树干，一座伊壁鸠鲁的半身雕像俯视着书店。德波顿说，人生学校就像花园一样，"聚集了定期前来的人，我们一起就餐、听讲座、旅行，最重要的是，一起试着哲学地生活"。汤姆的懒人学院也是按照伊壁鸠鲁的花园的模式建立的，伊壁鸠鲁的半身雕像俯视着书店。实际上，这两所学校有些相互竞争。汤姆说："就像披头士和滚石。友好的竞争对有创意的人有好处。存在着足够的空间容纳我们二者，以及更多的这类场所。我希望伦敦北部和南部、其他城市、郊外都有哲学学校。伊壁鸠鲁主义者在罗马帝国全境都建立过哲学群体。这只是开始。"

这两所学校是伦敦文化和哲学生活的精彩补充。当然，它们距离古代意义上的学校还有很远的距离。比如，两所学校都没有聚集定期前来的人一起就餐，一起研究哲学，一起生活。两所学校都不希望它们的成员卖掉他们的财产，共用他们的钱。也不希望他们像伊壁鸠鲁的追随者那样，崇拜他们神一般的创建者。相反，各种成员走进学校，付30英镑左右听一堂课，喝一杯酒，参加一场讨论，然后回去过他们的私人生活。学校不是真正的哲学群体，不期盼他们的成员献身于特定的生活方式。除了门票之外，对参与者没有任何要求（也许如果他们提出比买票更多的要求，他们就会被指责为邪教）。但是两所学校都成功地扩大了哲学的受众，把哲学带到了学院之外，带进了市中心。

幸福生活的快乐运动

伊壁鸠鲁主义能不能成为全社会的政治哲学？那从来都不是伊壁鸠鲁的意图。伊壁鸠鲁主义者认为政治是无意义的焦虑和不安全感的来源。他们不相信大众会喜欢上哲学，所以他们选择了逃离政治，撤退到他们的享乐群体的大门之后。这是一种很危险的策略：除非你拥有自己的私人保安和摆满枪支的地下室，不然秩序良好的政府的保护还是很有帮助的。那也是一种非常自私和非公民的解决方法。伊壁鸠鲁主义者宣称，他们对那些无知、贫困的可怜的傻瓜没有任何责任：卢克莱修描写了从他智慧的象牙塔俯视受苦的大众的快乐。有一些古代的伊

壁鸠鲁主义者试过一些扩大服务范围的做法：奥依罗安达的第
欧根尼沿着大道建了80米长的墙，刻上了几个伊壁鸠鲁主义的
文本，以便"用这个走廊来展示救世之道"。但是从总体上说，
伊壁鸠鲁主义者遵从的是汤姆·霍奇金森提出的退隐、不投票
的懒人哲学（虽然汤姆对我说，他走向了更加亚里士多德主义
的信念，认为政治活动是幸福生活的重要部分）。

　　自从罗马帝国衰亡之后，出现了更倾向于政治和市民的
伊壁鸠鲁主义者。托马斯·莫尔的《乌托邦》半开玩笑地提出
了一种致力于享乐的理想社会的蓝图——虽然莫尔也坚持认
为，乌托邦中的每个人都应该相信来生，以免人们太无法无
天。卡尔·马克思的博士论文写的是伊壁鸠鲁，其他社会主义
者接受了激进的享乐主义而非新教徒—资本家的延迟享乐。托
马斯·杰斐逊称自己为伊壁鸠鲁主义者，并努力把"追求快乐"
写进《独立宣言》。然而，他的革命性观念——人类拥有"不
可剥夺的人权"，他们的政府必须加以保护——在相对主义的
伊壁鸠鲁主义者的哲学中是找不到的，相反，它更多的是源自
斯多葛派和亚里士多德式的自然法概念。克里斯托弗·希钦斯
也宣称他是一位伊壁鸠鲁派，同时致力于全球正义运动。但是，
为什么一位伊壁鸠鲁派要关心全球正义呢？为什么一位伊壁鸠
鲁派要为了异国某个不为人知的野蛮人给他自己造成任何痛
苦？我们也许会敬佩希钦斯不屈不挠的义愤，但是那不是伊壁
鸠鲁主义。

　　18世纪以杰里米·边沁为首的功利主义者努力把伊壁鸠鲁

主义变成一种真正的政治哲学，提出我们和我们的政府应该接受"最大多数人的最大幸福"这一原则的引导。边沁像伊壁鸠鲁一样，是一位坚持认为人生的目标是感官快乐的物质主义者。如果我们能够想出一种科学地测算痛苦和快乐的方法，那么我们就可以用这个"快乐计算器"把所有行为和政府政策的道德价值加起来。边沁是一个惊人的反精英主义者。他有一句很著名的话，"大头针比诗歌更好"，因为它使更多人变得快乐。所以，政府的政策应该推广大头针，把诗歌留给诗人。无论是什么能令最大多数人快乐的东西都是好的。在21世纪，功利主义被精明强干的理查德·莱亚德勋爵及其政治运动"快乐运动"复兴了。莱亚德在人生学校做了"快乐布道"。他在演讲中提出，快乐哲学能够成为"新的世俗宗教"，填补基督教的衰落造成的空洞。自2011年创建以来，快乐运动已经在全球集聚了3万多名支持者。他们发起把快乐课程引入学校的运动，传播关于使幸福感最大化的建议，在街上免费拥抱他人。

快乐运动已经取得了一些显著的政策成功，比如促使英国政府从2010年开始衡量国民幸福。莱亚德辩称，丹尼尔·吉尔伯特和埃德·迪纳等快乐科学家现在可以准确地测量个人有多幸福，甚至整个社会有多幸福，因此政府应该用这些数据来指导政策，就像边沁曾经梦想的那样。现代伊壁鸠鲁主义有着其古代先驱缺少的政治影响力，现在正在影响政治的最高层面。

这个快乐意识形态，有何不妥？

快乐运动有许多值得称赞的地方。我喜欢他们传播简单的
幸福技巧的方法，包括来自斯多葛派的一些技巧比如爱比克泰
德关于关注我们能够控制的和接受我们控制不了的这一技巧。
莱亚德成功地令两届英国政府拨出 5 亿英镑训练 6 000 名认知行
为治疗师也给我留下了深刻的印象，这是一个巨大的成就。我
还敬佩莱亚德和他的快乐部队令我们思考人生意义，以及幸福
感是不是一个充分的答案的方式。但是，我认为它不是一个充
分的答案，我不希望我的孩子在学校学习理性的享乐主义，除
非他们同时还会学习它会受到的批评。

是一些什么样的批评呢？第一，如一些心理学家的研究发
现的那样，把快乐当作人生的终极目标也许会悖谬地令我们不
那么快乐，反而更焦虑。我这么对莱亚德说，他对我说："没人
说我们应该不停地问自己是否快乐。如果你想快乐，不要一直
想着它。"如果快乐运动不是不停地告诉我们要快乐，那要容易
一些。第二，快乐运动把快乐置于一个道德基础上，而快乐在
一个更大的范围来说，是一个性格问题。有些人，尤其是外向
的人，天生就比其他人更快乐，这并不会使他们在道德上比内
向或抑郁的人高一等。但是快乐运动坚持认为，快乐的人在道
德上更高级：更有可能给慈善机构捐献，更有可能做志愿者。
它声称，世界上最快乐的人是和尚。如果你不快乐，你就是一
个失败者、一个异教徒，会对环境产生坏的影响，因为不快乐

会像病毒一样传染。我认为，这种哲学有令阴郁的人觉得自己
更糟糕的危险：他们不仅阴郁，他们还是道德上的失败者。

享乐主义自私吗？

你还可以批评伊壁鸠鲁主义是自我中心主义、自私、原子
化。我们不都已经自私地为自己的快乐而奋斗了吗？自20世纪
60年代以来，我们不是已经追随个人满足的哲学，对我们的家
庭、社会和地球带来了灾难性后果？莱亚德不同意。他认为，我
们要相信，找到个人快乐的最佳方式是通过利他主义和公民参
与。莱亚德说："所有的证据都显示，获得快乐的最佳方式是为
他人的快乐而工作。"他希望他的快乐运动能鼓励人们更倾向于
利他主义和为他人着想。但是，好像增加自己的快乐不是利他
行为充分、持续的动机。一些更加简单的利他形式令你显得更
热情，比如给某人一个拥抱，或者给慈善机构捐钱。但是它们不
需要很多时间或真正的牺牲。更难的自我牺牲形式，比如照顾残
疾儿童或父母，为你的祖国而战，会令人紧张、感到吃力，你要
有比快乐更强烈的动机才能坚持下来，比如爱或责任。理性的
享乐主义者也许会强调友谊，但是可以说他们的友谊不是可以
共患难的友谊。只要你的朋友令人愉快，他们会快乐地跟你一
起玩。但是如果你的朋友很痛苦、要求很多，或者令人不安，他
们就没有希望了（因为科学证据告诉他们，不快乐是会传染的）。

人生中，有比快乐更重要的东西吗？

有人可能还会批评快乐运动说，它的快乐概念太简单、太天真。莱亚德跟伊壁鸠鲁和边沁一样，坚决认为快乐只是快乐的感受，或者没有感到痛苦。他不同意亚里士多德和穆勒的观点，即有些快乐形式比其他快乐形式更高级或者更好。他说，那是精英主义者的胡说八道。我问他，如果他那样认为，是不是意味着Xbox游戏机比诗歌更好，因为Xbox比诗歌令更多人更快乐。他同意Xbox优于诗歌。所以，根据莱亚德的说法，政府应该取消文学课，让孩子们尽情地玩侠盗飞车游戏。我像其他人一样喜欢侠盗飞车，但是任何把侠盗飞车排在弥尔顿或者华兹华斯之上的人，都像穆勒边沁一样，"缺乏想象力"。这些作家的价值在于，他们向我们展现了人类经验的复杂性，以及快乐闪亮的黄色之外其他漂亮的颜色。在我看来，人类的满足感比单纯的快乐感更加复杂。我们中的大部分人都期望获得比快乐更多的东西：知识、自由、创造、成就、超越 —— 哪怕我们渴望这些更高的善会令我们焦躁不安、感到不满足。另一方面，积极的情绪肯定是幸福生活的一部分。如果你的生活是一系列痛苦的责任和沉闷的道德，你可能做错了。

幸福指数有用吗？

测量人们的幸福感很容易，只要问他们觉得自己有多快乐就行了，从 1 分到 10 分之间选择。关于什么会使我们快乐，这种个人层面的测量给出了一些有趣、反直觉的答案，像丹尼尔·吉尔伯特在 2006 年出版的《撞上快乐》一书中巧妙地考察的那样。但是国民幸福测量并不是政府行为最好的指导，因为有一种现象叫"快乐适应"：人类会适应不同的境况，所以国民幸福水平随着时间的流逝趋于水平，不管政治或经济状况如何。我们的国民幸福水平在性革命，在瑜伽、冥想和心理治疗的普及、抗抑郁药的批量生产期间保持水平。它们在凯恩斯主义和撒切尔主义、几次经济繁荣和萧条期间也是持平。最近，在 2010 年略有下降之后，美国人报告的幸福水平又回到了金融危机以前的水平，虽然失业率仍然是危机之前的两倍。好像我们忘记了我们过去有多快乐或者多悲催，已经适应了现在，当有人问我们，在 1 分到 10 分之间，我们的快乐值是多少，大部分人都会说："哦，大概 7 分。"快乐经济学家希望的是什么呢？他们会以为，如果我们的政府拉动正确的杠杆，国民幸福水平就会突然从 7 升到 8，然后是 9，直到举国高喊："10 !"然后极端兴奋、狂喜地升到天堂？他们好像有一个乌托邦的信念，相信政府干预的力量。

国民幸福测量除了实践时遇到的限制，还有人从道德上反对它过多地依赖幸福科学。一个人在面对重大的伦理决定时，立刻咨询最新的数据，看看一般说来什么会让人更快乐，这一定是一个怪人。有时，你要自己在统计的一般的快乐之外，去寻找伦理挑战的答案。我不相信快乐是人生最好的道德指南：我感受过的最大的快乐是10来岁时的狂喜。不幸的是，之后的失落令人很不快，但是假如科学家们发明了一种新药，其效果全是狂喜，没有任何副作用。为什么不一直吃它呢？为什么政府不给我们提供能服用一个星期的MDMA（摇头丸中的主要成分），就像《美丽新世界》里的政府给它的人民提供人体细胞？那样肯定会提高全民幸福水平。我们也许会拒斥这种想法，因为跟伊壁鸠鲁不同，我们认为，人生不只要感到快乐。我们还会希望我们的人生具有快乐之外更高的意义。莱亚德驳斥他所说的"荒谬的人体细胞论证"。但是这是一个严肃的担忧，因为快乐越来越容易通过人工设计实现。在一个化学情绪增强剂的世界，哲学家罗伯特·诺齐克想象的"快乐机器"不再是科幻小说。所以，我们需要严肃地考虑，我们是不是想接受这种物质主义和机械论哲学。

　　为了考虑我们的生活是否具有任何真正的像宇宙一样广阔的意义，我们需要思考宇宙，以及我们在宇宙中的位置。现在，我们已经吃完了午餐，坐下来，放倒你的座椅，抬头，你会看到教室的屋顶往后退，再现出一片夜晚的天空。左边移动的红光是阿波罗14号宇宙飞船，在那里，宇航员埃德加·米歇尔将拥有不同寻常的体验。

神秘主义者与怀疑论者

MYSTICS
AND
SCEPTICS

06

我们为何身处这个世界？

埃德加·米歇尔在从月亮返回的路上时，沉浸在狂喜之中。米歇尔是阿波罗14号飞船上执行任务的三个人中的一个，他们于1971年1月31日离开地球，五天后在月球上着陆。他负责登月舱，在月球表面待了九个小时。他是第六个在月球上漫步的人。在回程中，完成了登月任务后，米歇尔比跟他同行的宇航员有"更多时间往窗外看"。他告诉我：

"我们垂直于黄道运行——黄道上有地球、月球和太阳——我们使飞船旋转以保持热平衡。每两分钟，地球、月亮和太阳的照片、360度的太空全景图就出现在飞船的窗户中。从我在哈佛大学和麻省理工接受的训练来判断，我意识到宇宙中的物质是在恒星系统中创造出来的，因此我体内的分子、飞船的分子和我的同伴体内的分子，都是以古代的某一代恒星为原型，或者在它们那里产生的。我认识到，我们都是同一个东西的一部分，我们是一体的。现在，在现代量子物理中，人们称之为互相联系。它引发了这种让人发出惊叹声的体验，这些是我的星星，我的身体跟那些星星是连在一起的。同时还会深深地体验到狂喜，每次我看向窗外都有这种感受，一路上都是如此。这是一种全身体验。"

米歇尔没有跟他的同伴谈起他的狂喜体验——"这相当私密"——但是当飞船回到地球上后，他努力探询他到底经历了什么。

"我开始挖掘科学文献，但我什么也没找到，我就去问航天中心附近的莱斯大学的一些人类学家，请求他们帮我搞清楚到底发生了什么。不久后，他们来找我，向我点明了梵语中的一个词，三昧，指的是看到相互分离的事物，但是感觉它们是一个整体，伴有狂喜之情。我说，没错，那正是我的体验。"

随着米歇尔继续研究，他发现：

"实际上世界上的各种文化中，尤其是古希腊文化，都有类似的体验。我称之为大图景效应。换言之，你在一个前所未有的更大的背景中观看事物。我相信，这是所有宗教的开端——过去的一些神秘主义者有这类体验，并且努力去理解它，用一个故事来解释它。现在，它在每种文化中的表现不同，但是它的起源都一样：在一个更大的视角之下观看。"

米歇尔说，他觉得从月球返回来的路上的经历改变了他："我变成了一个铁杆的反战分子。我认为我们因为领土争端、谁的神最好而相互残杀，是绝对令人憎恶的行为。那一定也不文明。它是古老的大鱼吃小鱼的原始生活的状况，我们人类必须超越它。"执行阿波罗14号任务两年后，米歇尔建立了思维科学学院（The Institute of Noetic Sciences），致力于探索和推广人类意识的扩展——noetic源于古希腊的nous一词，意思是直觉或理解。他说，其他宇航员也在精神上被大图景效应改变了：

"其他宇航员有类似的经历——在更大的宇宙中看到地球后发出赞叹声。多年来我们一直在谈论它，弗兰克·怀特还在《概观效应》（The Overview Effect）一书中写到了它，描述了我们所有的体验。多年来我们都说过，如果我们能把我们的政治领导人弄到太空中去开一次峰会，地球上的生活就会非常不同，因为一旦你看过更宏大的图景，你就不会像过去那样生活。"

爱奥尼亚学派和物理学的诞生

对古希腊人来说，伦理学——或者说对人生意义的探讨——跟物理学（对宇宙本质的探索）有着内在的关联。你不能把关于人生意义的伦理问题跟关于宇宙本质的科学问题分开，你自己处于宇宙之中。在午后课程中，我们将考察古希腊哲学家关于宇宙本质的一些理论，以及它们表明我们在地球上该如何生活。我们将探讨古代哲学中对自然界神秘主义和怀疑论的解释之间的分歧。

最早的希腊哲学家今天被称为"爱奥尼亚学派"，因为他们都生活于公元前6~前5世纪西海岸的爱奥尼亚半岛，即现在的土耳其。他们其实不是一个学派，因为他们提出了非常不同的道德和物理理论，但是他们都渴望探索宇宙的本质。亚里士多德称他们为"自然科学家"，或"那些讨论自然的人"。天文学家卡尔·萨根说，他们是最早的物理学家。爱奥尼亚哲学家不是依赖于对自然现象的超自然解释，而是寻找对宇宙物质的、唯物主义的解释。比如，生活于公元前7世纪末和公元前6世纪中叶、被亚里士多德称为希腊哲学之父的米利都的泰勒斯，提出宇宙的基本物质并从中衍生出一切的是水。他的学生阿纳克西曼德是第一个提出人类源自更原始的生命形式的人，原始生命又源于土和水。他的学生阿那克西米尼猜想，宇宙的基本元素是气。实际上，我们仍在寻找这些哲学家2500年前开始寻找的宇宙的基本元素，比如我们在用大型强子对撞机来寻找难以捉摸的"上帝粒子"。

赫拉克利特和那个有意识的宇宙

　　哲学家刚开始用唯物主义的解释来代替超自然的解释，就提出了伦理问题。如果宇宙遵守自然规律而不是神的意志，那么人类该如何行动？如果宇宙中没有神，或者神不干预人的生活，怎样才是幸福的生活？我们仍在努力解决这一问题。第一批试图回答这一问题的哲学家中有一个古怪狂放的神秘主义的哲学家——赫拉克利特。他公元前6世纪出生于爱奥尼亚半岛的一个城市以弗所的一个富裕的贵族家庭。他是一个著名的厌恶人类的人，像贵族一样蔑视大众，他认为大众只关心食和色，不在意哲学。他蔑视人类到放弃了公职，在以弗所以外的荒野中游荡，甚至像奶牛一样吃草，还一直痛苦地哭泣（这一传说导致他得了一个外号"哭泣的哲学家"，在拉斐尔的《雅典学院》中，他看上去明显很阴郁）。据说他的一只眼睛感染了眼疾，他想从牛粪堆中提取药物来治疗。不幸的是，药物没起作用，他病死了。

　　他身后留下了一部著作叫《论自然》，据说是他离开城市去荒野生活之前留在阿尔忒弥斯神庙里的。赫拉克利特对自然的态度比大部分爱奥尼亚哲学家更倾向神秘主义。他写道，"自然喜欢隐藏"，他好像认为揭示宇宙悖谬性秘密的最佳办法是通过神秘的警句，而不是枯燥的科学论述。但是他的著作只留下了一些片段，导致他的哲学思想更加晦涩难懂，从亚里士多德到海德格尔，哲学家们都思索过他的话。他最著名的格言是：

"一个人不能两次踏进同一条河，因为会不断遇到新的水流。"别的哲学家寻找宇宙之下稳定的元素，赫拉克利特看到的则是不停息的流动和变化。柏拉图引用他的话说："一切都在流动。没有什么是静止的。"没有什么东西是独立、永远存在的，一切都是自然相互联系的流动的一部分。宇宙是对立者的舞蹈，每种东西都在变成其他东西："冷的变热，热的变冷。湿的变干，干的变湿。"或者："生就是死，醒来就是睡眠，年轻就是年老，因为一种东西在变成另一种东西。"

赫拉克利特留给我们的是一种非常动态的宇宙图景，在宇宙中万物都在不停地变化。这跟其他希腊哲学家完全相反，比如毕达哥拉斯和柏拉图，他们认为宇宙完全是和谐、稳定的。斯多葛派更喜欢赫拉克利特的动态宇宙论，他们补充了一种观念：宇宙在迅速膨胀，直到最后被火吞没。然后整个宇宙再次开始循环，从大爆炸到宇宙膨胀再到最后的大火。这种动态的宇宙论过去一百年间才又回归到天体物理学上，天文学家埃德温·哈勃用他的望远镜惊讶地发现，宇宙远远比我们想象的要大，并且一直在变大。今天，天文学表明，赫拉克利特是对的，宇宙是创造和毁灭的不停息的流动，黑洞吞没星系，然后又把它们作为新星吐出来。赫拉克利特说："我们一定要知道，战争无处不在，一切都通过冲突而产生。"

"人类最终的目标是沉思神"

但是在宇宙的流动和冲突之下，赫拉克利特察觉到了更深层的和谐，对立者的统一："事物看不见的设计比看得见的更和谐。对立者相互合作。最漂亮的和谐源自对立。"在明显的混乱之下，宇宙是统一的，受宇宙普遍法则支配。这种宇宙普遍法则赫拉克利特称之为"逻各斯"。他的描述令人想起道家的老子和圣约翰的福音：

逻各斯是永恒的，
但是人没有听见它，
人听见了也不理解，
万物皆源自逻各斯，
但人们不明白……

赫拉克利特好像认为，逻各斯，或者宇宙普遍法则是用火做成的，使对立的力量之间的对抗协调、和谐："神是昼又是夜，是冬又是夏，是战又是和。但是它们各自伪装起来，人们知道它们有各自的气味。"在诸神的地盘奥林匹斯山，赫拉克利特把自然的这一普遍法则奉若神明。他以他的宇宙论为基础构建了一套道德理论：人类分有了逻各斯，因为他们拥有理性的意识，人类的意识跟逻各斯一样是由同样的火构成的。人类是逻各斯构成的肉身。我们的理性本质跟宇宙的本质是相互联系的。这意味着自我是神的一部分，"发现一个人真实的自我"就是去发现一个人本性中的宇宙。在赫拉克利特看来，"人生的意义"，我们活在这个星球上的理由，就是去壮大我们意识的火焰，这样我们"能够知道一切事物借以穿越一切事物的思想"。我们需要使我们的意识超越我们狭隘、自私的关切，获得法国学者和神秘主义者皮埃尔·阿多所说的"宇宙意识"。

获得"宇宙意识"意味着克服自私的好恶，这些好恶把自然分成好的和坏的经验。从宇宙的视角来看，一切都是好的，一切都是它们应该是的样子，一切都很美。赫拉克利特写道："对神来说，一切都很美，都是它们应该是的样子。人却会把事物看成好的或者坏的。"无知的大众把存在者不断变化这一现象分成好的和坏的，而智者看透了这种传统的标签，感知到了逻各斯所有的显示之美。赫拉克利特写道："不要听我的，要听逻各斯的，认为一切是一才是智慧。"赫拉克利特相信，我们可以通过培养我们的理性、控制我们的激情、清除酗酒和贪吃等坏习惯来获得宇宙视角，坏习惯会使我们的意识之火变暗，把我们从宇宙视角往下拉。当我们屈服于"内心的欲望"，我们就会使我们的意识变得暗淡。如果我们过理性和节制的生活，那么我们就会使我们的灵魂变得干燥，让意识之火燃得更亮，它就能够理解和照亮逻各斯，使自己跟逻各斯和谐一致。

即使是在哲学家中间，赫拉克利特也是不同寻常的一位，但他对人生意义这一问题的回答跟大部分古希腊哲学家是一样的。比如，斯多葛派赞同赫拉克利特所说的人类意识是指导宇宙的神的智慧的一部分，他们也认为神的智慧是由火构成的。跟埃德加·米歇尔一样，斯多葛派认为，宇宙是一个统一的智慧，在其中"一切都相互关联；一种神圣的纽带把它们连在了一起；几乎没有跟其他东西分离的事物"（用马可·奥勒留的话来说）。斯多葛派认为，神圣智慧的逻各斯在所有物质中振动，但它在人类意识中振动的频率特别高。当我们用哲学来发展我们的意识时，它的火苗在我们身上燃烧得更亮，所以我们能够看穿自私的好恶，重新跟宇宙合一，像米歇尔在阿波罗14号上短暂地体验到的那样。我们可以认识逻各斯，并跟它统一起来。这在某种意义上，正是宇宙的目标。如爱比克泰德所说："神引入人类，当作他的作品的观众，不只是观众，还是解释者。"柏拉图也认为人生的意义或目标是发展我们的意识，以便把它从世俗的牵挂中解放出来，认识到神圣的现实。连伟大的生物学家和实用主义者亚里士多德也认为，人类最终的目标是沉思神。

提升思考的维度，俯瞰世界

古代的哲学家们使自己在想象中飞到宇宙中，用法国古典学者皮埃尔·阿多所说的"俯视的视角"来培育"宇宙意识"。跟流行文化中的超级英雄不同，哲学家们会想象它们升至太空，俯视他们的街道、他们的城市、他们的国家，最后从太空视角俯视整个地球。这种想象的飞翔会延伸他们的心灵，使他们超越他们个人和种族的牵挂，把他们变成世界公民——宇宙的公民。沉思宇宙是古人的一种治疗方法。观看宏大的图景会把我们的烦恼和焦虑放进宇宙视角，我们焦虑的自我就会跟奇观和惊讶一起平静下来。奥勒留对他自己说："俯瞰星辰的运行，就像你在跟它们一起运行。经常想象元素变化和再变化的舞蹈。这种景象会荡涤我们局限于地球上的生活中的杂质。"沉思星辰能提升我们的灵性，使我们的日常关切显得微不足道。奥勒留写道："许多扰乱你的焦虑都是不必要的：成为你自己的想象的工具，你可以摆脱掉它们，延伸到更广大的区域，让你的思想遍及整个宇宙，思考永恒的无限。"

俯视的视角是心理学家们所说的保持距离或最小化技巧。这个方法是把你的生活缩小，把它放在宇宙视角下，从而获得一种分离的尺度。我们说焦虑或抑郁的人"把鼹鼠丘当作大山"，放大他们的问题，直到每一个很小的障碍都像是大到非常可怕。我们可以练习相反的做法——缩小，把我们的视角扩展到宇宙的维度，把大山都变成鼹鼠丘。每当他把自己和他的问题看得太重时，奥勒留就是这么做的："在宇宙中，亚洲和欧洲只不过是两个小角落，所有的海水只有一滴，阿索斯山只是地球一个微小的隆起，漫长的时间只是永恒的一个针尖大小的节点。一切都微小、易变、会消亡。"

不管我们信不信神，我们都可以使用俯视的视角——伊壁鸠鲁派也练习俯视视角，他们也使自己的心灵乘上想象力的翅膀，飞遍宇宙，去使他们的激情平静，使他们的惊奇感变得更加敏锐。练习俯视视角很简单，只要打开一本天文学的书籍，登录哈勃或美国宇航局的网站，或者观看卡尔·萨根或布莱恩·考克斯优美的纪录片即可。今天现代天文学之所以流行，就是因为它能够扩大我们的视角，平复我们的情绪。观看萨根的《宇宙》既是智力体验，也是感情体验。它是可以媲美奥勒留的《沉思录》的沉思，我们站在浩瀚的时间和空间前面，发现我们的焦虑平静下来了，我们的灵性减轻了我们的畏惧。哲学和宗教扮演的一个角色就是，给予我们一种无限感。今天，这个角色被萨根等天文学家给替代了，他们使我们的心灵跟他对宇宙中亿万万个星星的描述一起旋转。

但我们也有可能会过度使用这种缩小技巧。如果习惯于使用缩小技巧和观看宏观图景，我们会变得距离人间事物过于遥远，以至于认为地球上的人生无意义、不值得过。在宇宙视角中，人生算什么？十亿个生命又算什么？这样会使我们像《第三个人》中的哈里·莱姆一样，从大转轮上俯视芸芸众生，并问："看那儿，告诉我，如果那些黑点中的一个永远地停止移动，你真的会可怜它吗？"或者我们会变得类似于漫画《守望者》中的超级英雄曼哈顿博士，他从火星上俯视地球，努力去同情人类的困境。我们可能会看着宇宙中广阔的荒地，强烈地感到厌恶和没有意义。人类的存在有什么意义？在如此广阔的宇宙中，人生能有多重要？赫拉克利特、毕达哥拉斯、斯多葛派和柏拉图等神秘主义者的反应是，人类的意识是宇宙之花，它被嵌入宇宙之中。有感知能力的存在的自我意识的进化是宇宙的目标，但这还没有回答那个问题："为什么？为什么宇宙需要我们变得能意识到自己？为什么神的作品需要一个旁观者？

物理学能够告诉我们生命的意义吗？

一位现代物理学家会抱怨说，神秘主义的基本物理学是错的。它使用像逻各斯、世界灵魂、神圣智慧、灵性、意识之类的神秘术语。神秘主义的物理学好像是二元论——它坚持认为宇宙中有两种非常不同的东西，精神和物质（实际上，赫拉克利特和斯多葛派都是唯物主义者）。至今，科学家们还无法找到任何叫作精神的神秘的东西。过去几年间，物理学家们对坚持使用灵性、灵魂和意识这些概念的教士和哲学家失去了耐心，对他们发起了挑战。比如，斯蒂芬·霍金近来宣称，哲学已死。他说，哲学家们"没有跟上物理学和生物学的现代发展，他们的讨论与这个世界好像越来越不相干、越来越过时。"因此，回答"我们为什么在这里"这一大问题的重任落在了物理学家和生物学家头上。人们越来越相信，科学既能够解释宇宙的本质，也能解释人生的意义，并不需要哲学家和上帝。霍金说："几乎每个人都会问，我们为什么在这里，我们从哪里来，"他说，现在哲学已死，"科学家们接过了解释这一奥秘的火炬。"

那么，在霍金看来，人生的意义是什么？我们为什么在这里？霍金说："我们应该追求我们的行为最大的价值。"但这不是一个最有说服力的答案。它回避了一个问题：如何，以及把价值分派到哪里去？他说："我们把更高的价值……分派给那些最有可能存活下去的社会。"霍金似乎在表明，人生的意义查尔斯·达尔文揭示得最清楚，即"生存和繁殖"。但是，我们要把这种达尔文式的存在价值理解为个人的、家庭的、国家的、种族的、物种的、地球的，还是宇宙的？生存真的是令人满意的人生意义吗？人类的存在没有宇宙意义吗？霍金凝视着宇宙，然后带回一个答案：没有，人类的存在没有宇宙意义。没有"为什么"。现代物理学也许能够说清楚我们是如何到达这里的，但是说不清楚我们为什么在这里。就好像我们有一天回到家，发现一个人站在我们的厨房里。我们问他，"你为什么在这里？"他解释说，他走出家门，上了他的车，用钥匙发动车，沿着街道往前开，停在我们的房子外面，然后从窗户爬了进来。我们也许会站在那里耐心地听他的故事，然后问："没错，但是你为什么来这里？"

意识的难题

许多现代科学家都有一种唯物主义的宇宙观（伊壁鸠鲁和德谟克利特等古代哲学家最早阐发了这种观点），对于地球上生命的目标，他们持一种达尔文式的观点。但是，这种世界观仍要应付两个跟人类意识有关的问题：如何，以及为什么（how and why）。首先，哲学家所说的难题：意识如何从无生命的物质中产生？有自由意志和自我意识的东西如何出现在被物理和机械法则决定的宇宙中？机器中怎么会产生一个幽灵？其次，人类意识为什么会存在？为什么人类要有思考宇宙以及我们在其中的位置的能力和欲望？这有什么意义？

对于我们如何拥有意识和为何拥有意识，有四种常见的回答。首先，极端的物理主义派会说，意识和自由意志是幻觉。它们在物理上是不可能的。你不可能拥有一些幽灵般的自由意志藏在宇宙机器中，因此我们要承认它并不存在——最终科学将证明这一点。我们也许有一些转瞬即逝的意识，但是那是一种偶然，如同一个无助的旁观者，无力改变现实。一些科学家和哲学家持这一立场，如托马斯·赫胥黎、生物学家安东尼·凯什摩尔，以及DNA的发现者之一弗朗西斯·克里克。我个人觉得这种观点没有说服力，因为科学证据和我自己的经验表明，人类能够有意识地思考我们的人生，并改变它们。我们的意识和理性确实很微不足道，但是我们能够使它们集中注意力，用它们来改造自己，去克服抑郁等紊乱情绪，而不是被困在其中。想一想我们的"意识—思考系统"的力量，如果说它实际上什么也没做，那将是一件很奇怪的事情。

第二种对我们如何拥有意识和为何拥有意识的解释是机能主义。意识是一种我们尚未充分弄清的物理过程，但是它通过自然选择而进化，因为它要为生存和繁殖的遗传目标服务。但是在我看来，这一解释就像是在用莎士比亚全集敲钉子，或者每周开一次法拉利去拉货。我们为什么要拥有这种强大的操作系统去完成那么基础的任务？蚂蚁没有写诗、研究哲学的能力，也一样在生存、繁殖。为什么我们的理性比其他物种强那么多？我们无休止地思考人生的意义有何进化上的作用？我们认为哈姆雷特是人类创作的最有趣的人物形象。但是从进化的视角来看，他完全是一个无用的人。他走来走去，思考形而上的问题，接着在繁殖之前就死掉了。伟大的物理学家、霍金的前同事罗杰·彭罗斯说："完全可以给一台计算机编程，让它看上去如此荒谬地行动。（比如，可以让它到处走动，一边走一边说：'哦，亲爱的，人生的意义是什么？我为什么在这里？我感觉的这个自我到底是什么？'）但是，为什么自然会费劲地进化出这样的人，而当时残酷的自由市场丛林早就清除他说的这种无用的废话了！"

如彭罗斯所说，意识好像不是像机能主义者相信的那样，只是帮助生存的工具。如果那就是它的目的，那么我们很快就能设计出比我们做得更好的电脑，这种电脑还完全不会像我们这样无意义地寻找灵魂。但是程序设计者迄今也没有创造出能够让我们相信它拥有意识和人性的图灵机。电脑还不能假装拥有意识，因为意识好像只是算法。

第三种理论理查德·道金斯和斯蒂芬·杰伊表达得最清楚。他们提出，意识是我们的大脑的某种自适应特性的副产品。我们的思维能力的发展使我们更加适合生存，但是另一方面，我们也变得能够想象我们的死亡，并开始思考人生的意义。这带来了宗教、哲学，以及触及深层灵魂的思考，这也许令我们很满意，但是对宇宙来说并没有意义。人类的意识其实是一种偶然事件。达尔文式的宇宙中出现了它纯粹是由于巧合，就像一只猴子敲击键盘，刚好写出了《李尔王》，这种偶然带给我们一种独特的能力，超越了我们的遗传规划，挑战了我们自私的基因的专制，自由地思考人生的目标和意义。所以哲学有着人性意义，它使我们抵制我们的进化规划，以更睿智、更好的方式去寻找世俗的幸福。但是哲学没有宇宙意义，相反，人类像是一个很小的意义之舟，在广大的无意义的黑色海洋上漂浮。这种观点貌似有理，但是在我看来，也没有说服力。如果自然选择带着适应的目标，设计了大部分东西，那么意识这种自然界中最复杂的现象会不会作为进化的副产品出现，就像男性的乳头？道金斯提出，人类的意识是自然界中突然产生的某种新的独特的东西，它完全是偶然发生的：我们偶然地产生了意识。在我看来，这太不可能了。

　　另一种解释意识如何产生的方式是，它是物质、力量甚至量子物理学还没有部分理解的维度的一种形式，但是它特别重要。也许意识最终会跟空间、时间、重力、物质和能量一起，被整合进真正的万有理论。但是目前，我们的物理学还不足以完成这一任务。赫拉克利特认为，意识某种程度上被包含在物质之中，这也许听上去显得不着边际。实际上，泛灵论（认为意识存在于一切物质中）的广义理论得到了一些著名的思想家谨慎的支持，例如19世纪的哲学家阿尔弗雷德·诺斯·怀特海，当代哲学家戴维·查莫斯、盖伦·斯特劳森和托马斯·内格尔，心理学家威廉·詹姆斯，物理学家罗杰·彭罗斯，天文学家伯纳德·卡尔，以及宇航员埃德加·米歇尔（虽然这一理论也吸引了许多不那么可信的推销量子—佛教—萨满吸引法则的人）。

至于为什么要有意识，也许赫拉克利特、柏拉图、亚里士多德和斯多葛派的观点是正确的。人类的意识之所以出现，是因为没有生命的宇宙希望它出现，不只是帮助人类生存和繁殖，而更使他们能够思考宇宙，揭示其真相。这很接近罗杰·彭罗斯支持的"人择原理"。他提出，我们生活在柏拉图式的宇宙中，受永恒的数字法则的引导，人类的心灵能够理解那些法则。那么，人类的意识也许就不是无生命、无意义的宇宙中一种奇怪的意外，它可能是彭罗斯所说的宇宙的"智力探索"的产物（听上去就像门萨俱乐部的圣诞派对，但是我想我们知道那是什么意思）。也许人类心灵的微观世界跟宇宙的宏观世界是联系在一起的，就像一些古希腊哲学家相信的那样。

但是我要说，希腊人犯了一个错误，他们只用意识最高级的表现来定义它，比如思考宇宙的能力，以及我们通过语言来思考和认识事物的能力。按照这一定义，只有人类才拥有意识。这样就有理由把其他非人类当作可以任意处理的东西——实际上，几乎没有哪位古希腊哲学家表现出了对动物福利的关切，只有素食主义者普鲁塔克是一个例外，他提出动物也有意识。在我看来，其他物种（尤其是哺乳类动物）显然拥有更高级的意识状态，例如情感、同理心、某种自我意识，以及游戏感，那些动物让我们觉得我们跟它们有强烈的亲属关系。某些动物有一种能力是游戏和赞美存在，我认为这并非人类独有的能力，就像海豚和鲸鱼会玩耍、赞美存在，跟狗、猫、猴子、大象、马一样。鸟儿每天早上歌颂存在。它们歌唱不只是为了吸引配偶或者划定地盘，有时它们就是在唱歌。孩子们还没学会走路时，就学会了跳舞。你可以用达尔文的术语来解释跳舞，说它是吸引配偶的方式，但那是一个非常枯燥、狭隘的解释。有时我们是为了歌颂生命而跳舞。意识中流动着快乐、幽默、玩耍的乐趣和对存在的歌颂。电脑不会开玩笑，因为它们没有意识，而意识中充满笑声。

也许不是。也许物理学家们将证明他们是对的，意识被证明只是一种有趣的附属品，而不是主要的。至少，过去二十年间突然产生激烈争论的关于意识的辩论和论证证明霍金错了：哲学没有死。实际上，丹尼尔·丹尼特、戴维·查默斯、约翰·塞尔等哲学家在最争论激烈的时刻，跟物理学家、神经科学家、天体物理学家甚至佛教的和尚展开了极具吸引力的对话。意识研究领域是一个极好的范例，展示了科学和人文可以交战、携手，以及阐发现点相反说法，毕竟哲学仍然有一些生命力。

在宇宙中，我们孤单吗？

如果进化带来了意识，那么也许它也会出现于其他的星球上，具有其他的生命形式。现代天文学使我们认识到了宇宙的大小。如卡尔·萨根所说："……有1000亿个星系，它们每一个都包含大约1000亿个星星。想想如此广阔、惊人的宇宙中会有多少种生命。"哲学家们不太思考地外生命的可能性及其对哲学的意义。但是如果你看看流行文化，以及我们对地外生命的幻想，你会看到它们表现了两种主要的存在哲学。我称之为思想上的掠食学派和ET学派。

　　在掠食学派看来，如果假定宇宙中的其他生命的出现，跟地球上一样，遵循的是同样的达尔文式"适者生存"的法则，达尔文的进化论肯定不只在地球上有效，而且在整个宇宙中都有效。这就出现了一种令人不安的可能性：天空中有其他的生命形式，他们缺少人类的意识和道德觉悟，同时又是更高级的杀手。这些高级杀手可能有一天会访问地球，殖民我们，把我们当作食物或牲畜，就像我们使用其他物种一样。这种生命观体现于《异形》《铁血战士》《异种》《星河战队》《黑客帝国》等电影中。另一个学派则把外星人想象为在道德上更高级的存在，他们拥有像人类一样的意识和道德觉悟，进化到了更高的程度。这个学派的观念体现于《ET》《第三类接触》和卡尔·萨根创作的《接触》等影片中。这些电影提出，意识不是偶然事件，而是自然的倾向——因此它不仅会出现在地球上，也会出现在其他星球上。所以，也许赫拉克利特是对的，意识的普遍法则——逻各斯真的是普遍的，它不仅联结地球上有感知能力的存在，而且整个宇宙中的所有存在都处于一个道德法则之下。这样的话，有一天也许会出现一个银河间的世界公民的议会，各自代表他们自己的星球，都同意共同的道德法则。这当然是一个缥缈的想法，但是我喜欢卡尔·萨根考虑过的这种可能性，把自己当作地球的第一位大使，向其他智慧生物发出信息，描述我们的生活方式。他真的是一位世界公民，一位真正的宇宙公民，在他的无线电发报机旁边耐心地等待一位热心的外星人解释我们为什么在这里。

现在，我们就从这些宇宙思考飘回地球，去见毕达哥拉斯。他是爱奥尼亚学派的又一个成员，他既是一位哲学家，也是一位魔术师，但对于我们现在如何践行哲学，他有一些有用的建议。

07

格言的力量

詹姆斯·斯托克代尔是一位年轻的战斗机飞行员,在北越执行轰炸任务时,他的 A-4E 天鹰攻击机被防空炮火击中。斯托克代尔从他的飞机弹射出去,背着降落伞降到一个村子里。着陆时,愤怒的村民攻击他,打断了他的腿,导致他余生只能一瘸一拐地走路。随后他被带至华卢监狱,在那里度过了七年时间。在监狱中,作为高级海军军官,他组织其他囚犯逃跑并为此制定策略。他是第一个被拷打的人,被拷打过 15 次。他被单独监禁过四年多,带过两年的镣铐。在这种极端、无助的环境中,古代哲学的教导是他的生存武器。他在斯坦福大学学习哲学时了解到了古希腊哲学,他的哲学教授给了他一本爱比克泰德的《手册》。斯托克代尔立刻就感觉古希腊的世界观很亲切,在他三次驾驶运输机在越南海岸执行任务时,一直把《手册》放在床头。因为他读过并且记住了该书的一些关键段落,他在战俘监狱中有它们在"手边"用来应付监禁的生活。他记住了古代人许多"影响态度的评论"，它们帮助他面对所处的逆境。他尤其记得《手册》的开头："有些事情取决于我们，其他的则不然。"他赞同他生活中的大部分东西都在他的控制之外，但是他自己的性格、尊严和自尊在他的控制之下，没有人能够从他那里拿走。

通过他的记忆和对哲学格言的吸收，斯托克代尔能够维持他的独立感和尊严感。他没有像审讯他的北越人希望的那样，被恐惧、耻辱、内疚击垮。他没有被洗脑。他拒绝向卫兵鞠躬，或者接受外国访客的探视，以证明战俘受到了良好的对待，也拒绝上北越的官方电视，说他接受了马列主义。他宣告他的精神是独立的。

格言放在手边

古代哲学在设计时就考虑了如何被记忆，以便在我们面对如斯托克代尔所处的那种状况时，这些格言就在手头。斯多葛派、伊壁鸠鲁派、犬儒学派、毕达哥拉斯派和柏拉图主义者的教导通常都被压缩为极短的、简练的格言，以便容易被记住，当我们身处压力很大的情境之中时，这些格言就会在我们的头脑中跳出来。许多这样的格言都传到了今天："认识你自己"；"你认为人生是怎样，它就是怎样"；"凡事不可过度"；"关键不是你遭受了什么，而是你如何反应"；"做你的灵魂的船长"；"没有你的允许，谁也伤害不了你"；"艰难时刻见品格"，等等。学生们在他们的手册上写下这些格言，记住它们，不断地背诵，走到哪里都带着它们——这是手册的意义所在，所以这些教导就在手边。学生们要尽可能频繁地背诵，因为按照爱比克泰德的说法，"人们很难想起一种认识，除非他每天都陈述和听到这同一条原则，同时把它们用于他的生活"。格言就像神经回路，就像桌面上的图标，一下子就把你跟一种信息联系起来。它们帮助你把一种有意识的哲学原理变成一种自动的思维习惯。学生们反复背诵这些格言，直到如塞内加所说，"通过每天的沉思，他们达到了这些有益身心的格言自己主动出现的地步。"学生们把格言融入他们的内心，使它成为自己的一部分。普鲁塔克说，我们应该"在麻烦来临之前就思考应对办法，通过练习令这些办法变得更强大。因为就像野狗只会被熟悉的声音缓和下来，让灵魂野蛮的激情平静下来也不容易，除非手头有熟悉的、著名的论证，来抑制激情。"

这些简短的原则、格言和说服性论证可以立刻就位，如16世纪新斯多葛派的尤斯图斯·利普修斯所说，就像"军械库里的武器"，或者如马可·奥勒留所说，像放在手边应对紧急状况的急救包。学哲学的学生把格言写在墙上、画上、吊坠上、家具上，任何可以帮他们在一天中想起这些教导的地方。现在，有些学生还把哲学格言纹在身体上，因为按照塞内加的话的字面意思，这些教导应该跟他们的"身体的组织和血液"融合在一起，成为他们身体的一部分，直到逻各斯变成肉体。格言的意义在于，人类是惊人地健忘的动物，因此，就像《记忆碎片》中患有健忘症的男主角，如果想理性地生活，我们需要不停地提示我们的东西。

魔术师哲学家毕达哥拉斯

发明了把哲学浓缩成好记、简短的格言的哲学家是毕达哥拉斯，他是爱奥尼亚学派中的一位不同寻常的、神奇的人物，他生活于公元前6世纪的希腊和意大利，并在那里教书。他的教导对柏拉图产生了很大的影响，因此伯特兰·罗素称他为"西方历史上最有影响的哲学家"。实际上，毕达哥拉斯既是一位哲学家，也是一位魔术师，他待在霍格沃茨魔法学校会比待在现代的学术院系感到更加自在。古代哲学源自原始宗教萨满，有时还带有一些魔法或超自然特征。比如，据说毕达哥拉斯是蛇神阿波罗·皮提俄斯的后裔，所以他的名字里有个蛇（python）。有些传说提出，他是阿波罗的化身，他曾向他的学生证明这一点，他的大腿是金子做的（他是第一个佩戴珠宝的哲学家）。他教他的学生相信化身，声称他能记住他和他的学生的前世。按照这种信仰，他的学生拒绝吃肉，声称"所有的生命都是亲戚，属于同一个家庭"。据说他能预测未来，同时出现在两个地方，跟动物和河流说话，听天体的音乐。他的学生也是会魔法的人：其中一个能乘着有魔力的弓箭在天上飞。

这些故事都不可全信（学者们都不能肯定是不是有毕达哥拉斯这个人），但是不管是作为神话人物还是历史人物，毕达哥拉斯确实启发了一群追随者，他们把他的哲学当作生活方式来践行。他的学校建在意大利南部，入学的要求非常高。申请人会自动被拒，然后被秘密地观察几年，看他们的举止如何。被录取的人要发誓沉默五年，并放弃所有财产。为数不多的被认为配得上的人最终可以学习该学派的知识，这些知识融合了几何学、音乐和神秘的咒语。跟后来的教派一样，被选中的人不得泄露其学派的秘密与学说，如果泄露了，其他成员将无视你，就像你已经死了，甚至还会给你立一个墓碑。

毕达哥拉斯派住在一个类似修道院的兄弟会中，他们共享所有的财产，采用素食食谱，穿着白色的袍子，每天都遵循特定的哲学计划或生活准则。这套准则的目标是培养他们身上神圣的部分——他们的灵魂，或理性思考的灵魂——把灵魂从动物般的激情中释放出来，确保来世有一个好的归宿。他们的生活的各个方面都被设计服务于这一目标。从早上起床开始，穿上白色的袍子、唱歌，为一天做好准备。音乐在毕达哥拉斯派对灵魂的影响中处于核心位置。毕达哥拉斯被认为发现了半音阶、全音阶等音阶，他认为它们反映了内在于宇宙中的神圣数学秩序。毕达哥拉斯相信，音乐把我们的灵魂跟神圣的宇宙联系起来。它会影响我们的内心，令我们的激情膨胀，或者消除我们的激情和兴奋，使我们的灵魂平静地思考宇宙。

早晨合唱之后，毕达哥拉斯派练习记忆，努力回想他们前一天做了什么，也努力去熟记关键的毕达哥拉斯派格言。接着，他们开始孤独地散步，在一个安静的地方，使他们的灵魂进入内心的宁静状态。之后，他们跟其他新来的学生一起讨论哲学、朗诵格言。新来的学生只在那里听，更高级别的学生可能会退隐，练习神秘的几何学。之后，学生们练习体操，尤其是摔跤和跑步。午餐只有面包和蜂蜜（酒和肉是严格禁止的。不知什么原因，还禁止吃豆类。）接着又是散步，这次是跟两三个同学一起。这一相当愉快的日程结束于晚祷、唱歌、献祭和念咒，让灵魂准备入眠，确保有一个好梦。

记忆练习和念咒在毕达哥拉斯派的生活方式中占有核心地位。毕达哥拉斯和他的学生们对人类灵魂的非理性有着深刻的理解。只努力通过抽象的哲学推理改造个性还不够，虽然这种做法也有其位置，还需要用格言、歌曲、符号和意象跟你的灵魂中非理性的部分对话，这样你的哲学洞察力才能进入大脑，成为你的神经系统的一部分。毕达哥拉斯式的格言很短、很神秘，浓缩了更加复杂的思想。比如，"不要吃心"的意思是"不要沉溺于不必要的忧郁和自怜"；"不要撕碎皇冠"的意思是"不要令人扫兴"；"没有竖琴就不要唱歌"的意思是"要完整地生活"。学生们会反复背诵这些格言，甚至咏唱。它们变成了咒语——被反复背诵或歌咏的短句，以便魔法般地迷倒灵魂。西方文化中最著名的魔咒 abracadabra，就类似于某种哲学咒语：它被认为能够治愈灵魂的各种疾病。据说毕达哥拉斯曾经宣称："神，我父，给受难的他们一些人道，向他们展示他们能乞求到的超自然力。"他的意思好像是，动物王国中独一无二的人类拥有说话、逻各斯、道，它能向我们的灵魂施展奇妙的魔力。在毕达哥拉斯看来，应该记住哲学，反复背诵和吟唱，以便把神奇的逻各斯印在我们的肉体、血液和灵魂中。

毕达哥拉斯与吸引力法则

毕达哥拉斯的记忆和咒语在现代多姿多彩地复兴。他使用咒语的技巧被埃米尔·库埃发现重新利用。库埃是20世纪初跟弗洛伊德同时期的法国心理学家，他独自发现了催眠和自我暗示法，并将它们理论化。库埃宣称，心灵可以把任何它想的东西变成现实——它可以想象自己很健康、富有、幸福，或者想象自己悲惨、生病、贫穷，只要重复这些词就可以。库埃说，这一秘密是毕达哥拉斯发现的：

"显然，通过思想，我们成为我们的物理有机体的绝对主人，如许多世纪以前古代人指出的那样，思想或暗示能够也确实导致了疾病或治愈了疾病。毕达哥拉斯向他的学生教授自我暗示原理……古代人很清楚重复一句话或一个公式的力量，通常是可怕的力量。它们通过古老的神谕产生无可争辩的影响的秘密就在于暗示的力量。"

因此，为了让自己快乐、健康和富有，只需要不停地反复说肯定性的话。库埃建议我们每天早上默念"每天，以各种方式，我在变得越来越好"。类似的想法也可以在新思想运动中找到，这一运动20世纪初的20年间兴盛于美国，助长了思想和词语会带来现实改变这一观念。如果你想成功，只要想着、重复成功的自我确认话语就行了。新思想运动坚持认为，你想做什么就能做什么，想成为什么就能成为什么。只需说一些神奇的词语，它就能够实现。在1929年大萧条之前的繁荣年代，新思想运动的主导思想是如何致富。其最著名的出版物《财富的秘密》是华莱士·D·沃特尔斯在1910年出的一本书。该书开头傲慢地说：人们可以美化或者歌颂生活的贫寒，但无论如何也不可更改的事实是：当一个人拥有了巨额的财富后，才能随心所欲地过上美满的生活。致富的方式是想着富有、感觉富有、反复说自我确认富有的话，直到钱神奇地滚滚而来。因为"念头会带来这个念头想着的东西"。所以，人们只要反复地说"我干什么都很成功"或者"一切每天都在变好"，直到他真的相信这些，念咒语，就会成真。新思想运动为了渎神的个人致富的目标，使用古代哲学的技巧。沃特尔斯以令毕达哥拉斯蒙羞的戏仿语言宣称："你必须想着，相信钱在朝你滚来，直到它固定在你脑海里，成为你的习惯性想法。反复读这些陈述，把每一个词固定在你的记忆中，念着它们，直到你坚定地相信它们。"

新思想运动在过去二十年间又大规模地复活了，尤其是出于澳大利亚制片人朗达·拜恩的书籍和电影《秘密》的巨大成功。拜恩向人们揭示的秘密是新思想的观念：我们会吸引所有我们念着或说出的东西。在这种存在的版本中，宇宙成了一个巨大的超市，我们要做的只是下订单。影片中的一个主要人物营销大师乔·瓦伊塔尔总结得很好："就像宇宙是你的产品清单。你一边翻阅它一边说，我想拥有这种体验，我想得到那种产品，我希望得到那样一个人。你向宇宙下订单。真的就这么简单。"我们看到，这种宇宙消费主义在拜恩的影片中很管用。有一个场景，一个小姑娘渴望得到一家珠宝店橱窗中的项链。然后她闭上眼睛祈祷，然后突然间，那个项链神奇地戴到她脖子上了。

拜恩使用了许多聪明的营销手段，其中一个是她创造了这样一个印象：历史上最聪明的人都知道这一"秘密"。她把它一直追溯到了毕达哥拉斯，从而给她的垃圾思想赋予了历史遗产的调子。我不相信拜恩真的读过关于毕达哥拉斯的书，但是如果她读过，我认为她很危险地误解了毕达哥拉斯的思想。首先，毕达哥拉斯（以及任何称职的古代哲学家）从来没有声称哲学能令你变得有钱又有权。实际上，毕达哥拉斯派是一个禁欲主义的群体，他们放弃了他们所有的财产，致力于征服对财富和名誉的渴望。后来的哲学家也是如此，如有时被援引为励志大师的柏拉图和斯多葛派。他们都没有说过哲学能使人变得有钱、有权力。爱比克泰德对他的学生说："土地、财富、名声——哲学没有许诺这些东西。"哲学家们指出，哲学能给你带来内心的财富——而不是外在的财富。

毕达哥拉斯和他的追随者知道哲学的限度，他们还知道，它要教的最重要的一个教训也是我们学到的第一个教训：认识到我们对宇宙的控制是有限度的。我们读到令毕达哥拉斯派经久不衰的重要的一点是，他们相信任何不幸都不会令聪明人感到意外——所以他们必须接受在人的控制之外的一切变化。哲学赋予我们力量——非凡的力量——去改变我们的本性，恢复我们的情绪，但是仍有一个汹涌、狂暴的世界是我们控制不了的。实际上，毕达哥拉斯和他的追随者们跟他们住地附近的居民发生争吵，结果他被杀害了。根据拜恩的吸引力法则，这意味着，毕达哥拉斯——《秘密》的先驱之一——让自己去想负面的想法。按照拜恩的说法，只有我们想着糟糕的念头，糟糕的事情才会发生。但这显然很荒谬。实际上，人类中许多有着伟大的心灵和最智慧的灵魂的人都是被人害死的——如毕达哥拉斯、苏格拉底、塞内加、西塞罗、希帕蒂亚、耶稣、波伊提乌、甘地、马丁·路德·金。哲学能给你内在的力量，控制你自己，但是它不能保护你不受外界变故的伤害。重复神奇的词就能令我们免遭不幸，这只是一种良好的愿望。

让智慧洞见融入我们的心灵

毕达哥拉斯是不是一个疯狂的魔术师，不配被纳入我们梦幻般的教师队伍？我认为不是。他的记忆和咒语技巧中有着常识和心理学洞见的内核。他发现了一些被认知行为治疗证实了的东西：我们的心灵聆听我们所思、所说的一切，并加以吸收。实际上，这是认知行为疗法的两位发明者之一亚伦·贝克的重大发现之一。贝克发现，抑郁之类的情绪障碍很大程度上是"自言自语"引起的：整天不停地独白，通常是无意识这么做的。我们不停地对自己默念，解释世界和我们的行为。如果你停下来，听你自己的声音，你会听到你头脑中在不停地评论。你可能会发现，你在哼一首歌，如果你调准频率听的话，这首歌有时是对你的感受无意识的评论。这种无意识的自言自语会直接影响我们的情绪和我们对现实的体验。哲学疗法使用日记或者苏格拉底式的对话，把这种无意识的自言自语带进意识之中。然后我们要采用新的哲学洞见，重复它们，直到它们浸入我们的心灵，变成我们不假思索的自言自语的一部分。

所有伟大的宗教传统中都有类似的记忆和重复技巧。比如，东方的宗教或哲学使用咒语，重复背诵或吟唱一个短句，直到受训练的人进入恍惚状态。重复咒语，把宗教或哲学的原则印到受训练者的心灵中，通过念咒时的声音和振动还能创造某种能量—这正是毕达哥拉斯派的观念。在伊斯兰教中，真主的名字被反复默念或歌唱，从而改变灵魂。在犹太教和基督教中，也使用了类似的简短、好记的句子：比如，《箴言》中全是好记的谚语，"仁慈的人善待自己，残忍的人扰害己身。""人不制伏自己的心，好像毁坏的城邑，没有墙垣。"《箴言》的作者（们）一次次地让读者注意去听、去记忆，直到这些教导刻在我们的心灵上，被我们吸收进身体，比如《箴言》7：1：

"我儿，你要遵守我的言语，将我的命令存记在心。保守我的法则好像保守眼中的瞳仁；系在你的指头上，刻在你的心版上。"

在我练习认知行为疗法去克服社交焦虑时，治疗课要求我每天晚上大声把各种讲义读给自己听。讲义中充满庄严、魔咒般的句子，比如"接受是一种积极的体验"、"你抵抗的东西很有韧性"、"我拒绝让我的消极想法控制我"、"当下平静、快乐"等等。每一句格言都把疗法中的一种观念压缩成了一个短语。感到无法忍受地不开心的时候，我每天晚上就读这些讲义，甚至在乘公交车和地铁时听它们的录音，以致它们真的浸入了我的大脑，成为我不假思索的自言自语的一部分。我去哪儿都带着一个小本子，就像古人那样，我在本子上写下一些治疗课上听到的给力的句子。当我感到紧张时，我就退到一个私密的地方，拿出本子，反复读那些给力的句子。自然地，我觉得很荒谬，但这样做确实管用。一次性的顿悟对我的思考习惯造成的冲击和改变还不够，我要系统地创造新的思维习惯——记忆和背诵格言对这一过程来说很关键，不管它看上去多么荒谬。另一个发现这一技巧非常有用的人是英国精神健康医院的CEO，他患有躁郁症。他尽力克服这一障碍，15年来从没请过假，全靠着随身带的小本子，他在上面写满了对改变他旧的思维和感受习惯最有用的思想和格言。每当旧的坏习惯卷土重来时，他就翻到相关的页面，用一两句有用的武装自己。跟我一样，他发现这个技巧能救命。

洗脑？

在实践之前，也许我们应该更小心地考虑这种技巧。首先，哲学真的可以被简化成一小口食物或汽车保险杠贴纸那样的标语吗？难道哲学的意义不是训练我们超越这种陈词滥调、更深入地思考吗？其次，不停地背诵这些格言，直到它们变成不假思索的思维习惯，是不是有点儿危险？精神分析学家达里安·里德批评英国政府对认知行为治疗的支持，他甚至认为，认知行为治疗就好比洗脑术，一些独裁者不也坚持要所有人都随身带着一个写满他的话的小本子，以便教化众人吗？

对第一个问题的回答是，确实，哲学应该是培养我们的有意识的思考和怀疑主义的精神从而超越陈词滥调的。但如果哲学要想改变我们的灵魂，有效地治疗我们的情绪习惯，它就得向我们的灵魂中非理性的部分发言。它要被吸收进我们的思维、感受和行为习惯。不然，你也许很睿智、很理性，但是你的个性的余下95%的部分跟以往一样屡教不改。如果你想到这些，你已经被洗脑了，而且无须你的同意。从出生起，你就被浸在了海量的信息之中，即从你的父母、朋友、同事、广告、媒体、你的神经系统中的思维和感受习惯中得到的信息。也许你很幸运，有十分智慧、有见识的原则做指引。但这不太可能。人们之所以践行哲学，是因为他们怀疑他们持有的一些信念并不智慧，对他们的全面发展没有帮助。但是，如果你不把自己浸入你的新哲学之中，用它包围你，用各种方法让你想起它，把它印在你的灵魂上，你的新哲学就会非常肤浅。正如罗马皇帝马可·奥勒留所说："你的心灵就像它的习惯性思想；因为灵魂会被它的思想染色。那就把心灵浸入对思想智慧的训练。"我希望，在奥勒留提出的自愿、有意识的洗脑和无意识、非自愿的洗脑之间有着重要的道德区分。当你跟强大的旧的思维和感受习惯搏斗时，使用毕达哥拉斯的记忆技巧很有用。但是有一个危险：你新的不假思索的思考习惯会变得僵化、教条、死板。所以有必要在创造不假思索的思维习惯时维持质疑这些习惯的能力，以及考虑它们的适应性和用处之间保持平衡。

对这一技术的第二种担心，是达里安提出来的，就是它是一种狂热崇拜。它可以被个人或者组织用于向其他人使用，为了给别人洗脑，把他们变成僵尸，比如让战俘在电视上谴责他们的祖国。近来，一些邪教就给不幸落入他们的魔掌的人洗脑。他们反复使用相同的术语，给这些术语附加上非常强大的情感体验，直到它们被吸收进这些刚加入教派的人的思维方式中，变成其不假思索的意识的一部分。当你控制了一个人内心时，你就控制了他们的自我。里德和其他批评认知行为疗法的人担心的是，政府资助的认知行为治疗包含这种强迫洗脑。它迫使抑郁者和焦虑的人去想"积极的念头"，戴着乐观的眼镜看世界，把他们变成政府快乐的僵尸。

这是对认知行为治疗很普遍的一种误解，认知行为治疗也经常被跟积极心理学搞混。积极心理学是从认知行为治疗中发展出来的更年轻的学派，它确实试图教包括孩子在内的人们一些乐观的思维。但认知行为疗法教的不是这个。尤其是阿尔伯特·艾利斯，他努力让人们接受这样的态度：世界是一个坎坷、不公平、通常也是一个不道德的地方。他没有假装你可以把世界想成你希望的那样。这是一厢情愿的思维。他明确地批判埃米尔·库埃的"积极暗示"理论。艾利斯写道："你可以积极地告诉自己，'我能获得我想要的一切'，但是你当然得不到。你可以满腔热情地想，'一切都会取得圆满的结局。'但是，它不会……强调积极的方面本身是一个错误的信仰体系，因为'我一天天地在各方面都变得越来越好'不是任何科学真理。实际上，这种盲目乐观的态度会像当事人消极地讨好自己一样有害，会造成神经过敏。"

我们在本章的开头遇到的詹姆斯·斯托克代尔，在看待自己的处境时完全不带乐观主义色彩。曾经有人问他什么样的俘虏会觉得被俘是最难忍受的事，他回答说："哦，很简单，是那些乐观主义者。他们会说，我们会在圣诞节前获释。圣诞节到了，然后圣诞节过了。接着他们会说，我们会在复活节前获释。复活节来了，复活节又过去了。然后是感恩节，再然后又到圣诞节了。他们心碎而死。"斯托克代尔说："这是一个非常重要的教训。你绝不能混淆信念和行为准则，信念是相信最终你一定会赢，这样你就输不起了，行为准则是要直面你当前的现实这一最残酷的事实，不管有多残酷。"

越共努力给斯托克代尔洗脑，因为他们需要撬动他，但是失败了。他做了一个内在的选择：要坚守他的行为准则，哪怕会要了他的命。拷打他的人能打断他的骨头，甚至杀死他，但是他们无法强迫他去接受一种他选择不去接受的信念，如爱比克泰德所说"能劫走你的自由意志的强盗并不存在"。那么，斯托克代尔对古代哲学的记忆是洗脑的一个例子吗？只有在最好的意义上才是。他的故事证明，我们可以选择我们的指导原则，然后把它们内化到我们的灵魂之中，使我们能够承受外界的压力。后来，海军陆战队在圣迭戈的SERE（生存、躲避、抵抗和逃生）学校用了他的名字命名，美国士兵在那个学校学习对抗拷打和洗脑的技巧。

08

哲学：批判性思维

    我正在拉斯维加斯的一间会议室，会议室下面是一片广阔的灯光、响铃和转轮的海洋，赌客们在老虎机旁边萎靡不振，就像狂欢宴会上感到乏味的来宾。在这里，在内华达沙漠中，怀疑论者们聚集在一起举办年会，讨论理性生活的艺术。在拉斯维加斯歌颂人类的理性有些奇怪，但是怀疑论者们看上去很平静，不为罪恶之城的诱惑所动。会议的组织者詹姆斯·兰迪说："我们太理性了，不会被赌博诱惑。"会议是用他的别名命名的：奇异会议（The Amazing Meeting，简称 TAM）。这是第九届奇异会议——"来自外太空的 TAM 9"——也是最大的一次。有 1 600 位怀疑论者与会，他们来自世界各地，他们因对科学和批判性思维的信念和对有组织的宗教的厌恶而聚在一起。

    一直有人怀疑宗教全是些胡言乱语，但是跟教徒不同，这些人并非一直有地方聚会分享他们的观点。现在，互联网创造了一个空间。今天，全球怀疑论运动有几百万追随者，他们拥有两种怀疑论者杂志；一系列怀疑论播客，如《怀疑论者宇宙指南》《怀疑论者小报》和《错觉》；怀疑论者聊天室、电子邮件列表和博客就更多了。怀疑论者们在那里凶狠地揭穿他们自己以及别人的信仰的假面。欧洲、亚洲、澳大利亚和美国许多州都有离线的怀疑论者组织，无信仰者可以聚在一起吃喝、看电影，并分享其他易受骗者的故事。怀疑论者运动在华盛顿有他们的游说集团，在许多大学有他们自己的学生组织，甚至有它们自己的夏令营。帮助在全美各地组织怀疑论者夏令营的康拉德·赫德森说："孩子们为了友谊、乐趣和自由思考，来到夏令营。"夏令营如何鼓励自由思考？"我们告诉孩子们，夏令营是一个看不见的龙的家，它叫珀西，证实珀西存在的人将获得奖励。年纪较小的孩子真的想找到它。年纪大一点儿的慢慢会意识到它并不存在……"

　　跟许多运动一样，怀疑论者也有他们的摇滚明星。甚至还有一副怀疑论者扑克，扑克上的漫画画了该运动的领袖们，还评估了他们的能力。该运动最大的偶像之一是理查德·道金斯，他戴着墨镜走过南部的赌场，两侧跟着保镖，随后像无神论者中的猫王一样，被粉丝包围。在他还没开口说话时，他的主题演讲就赢得了观众的热烈掌声。之后，怀疑论者们排队等待他在书上签名，队伍沿着走廊一直排下去。队伍中一位兴奋得脸上发红的代表小声说："在我的婚礼上，我朗读了他的新书的一个段落。"另一个人低声说："我希望跟他单独待上半个小时，在浴缸里。"

揭穿超自然能力骗局的兰迪团队

怀疑论者中的热心人是詹姆斯·兰迪，一个矮小、敏感的人，留着白色的胡子，随时都在，随时都可以找他谈话、和他拥抱。他对听众说："我是一个拥抱成癖的人。"代表们穿的T恤上印有他的脸，还有"兰迪团队"、"跟兰迪在一起"的字样。他们甚至戴着假的白胡子，为了向这个人致敬。公平地说，兰迪确实很有魅力。他读书时是一个神童，聪明到老师允许他不去上课，给了他一张特殊的证件，供他出示给指责他逃学的管理者看。他对我说："我小时候很孤单，因为没有同龄的人一起玩。"他不去上学，把大部分时间花在了博物馆和图书馆中。他还喜欢去看戏，尤其迷恋一个叫哈利·布莱克斯通的魔术师，这位魔术师在表演时让一位女性飘浮起来。表演之后，年轻的兰迪去后台找布莱克斯通，魔术师很喜欢他，给他解释了他的一些把戏是如何耍的。兰迪回到家后决定做魔术师，他成了一位非常优秀的魔术师。起初他是一位有脱身术的人，在北美的各个俱乐部表演。他在魁北克一举成名，他在表演从警察的手铐中逃出来是多么容易时，被当地的警察给逮捕了。警察把他关进了监狱，他也逃了出来。他从尼加拉瓜瀑布上的紧身衣中逃了出来。他从河底的一只铁棺材中逃了出来。他在舞台上砍掉了埃利斯·库珀的头，连砍了几个晚上。跟他之前的霍迪尼大师一样，他开始揭穿那些使用幻术声称他们真的拥有魔力或宗教力量的骗子。

　　最著名的例子是，他帮助约翰尼·卡森戳穿了尤里·盖勒。20世纪70年代初，盖勒刚刚抵达美国，就用他的读心术和弯曲勺子的能力引起了轰动。约翰尼·卡森的《今夜秀》邀请兰迪去上节目，问他怎样才能保证盖勒没有作弊，兰迪对节目的制片人做了周到的指导，当盖勒出现时，他的能力难以理解地让盖勒失败了（可以在 YouTube 上看到视频）。兰迪说："从那以后我感到非常骄傲，认为盖勒完蛋了。但是我大错特错了——几个晚上之后，他就又上电视了。现在我意识到，媒体不关心讲的是否是真相，只要能吸引人们的注意就行。"60岁的时候，兰迪决定，"到了该挂起紧身衣的时候了"，他全身心地投入到了刚起步的怀疑论者运动。他建立了詹姆斯·兰迪教育基金，孜孜不倦地揭穿宗教、新时代运动和超自然团体中的骗子和大吹大擂的推销商。兰迪的基金会过去几年里设立了一个奖金100万美元的奖项，寻找可以证明他们有超自然能力的人，至今无人获奖。

　　怀疑论者在他们的队伍中有许多这样的超自然调查者或说是揭穿者。在奇异会议上，我遇到了独立调查组织的一位成员，来自好莱坞一家超自然调查机构（有点像史酷比黑帮）。这位成员对我说："我们都是极客。我们喜欢调查鬼魂、通灵之类的东西，我们中的一些人希望那些人说的是真的。有一个人上个月走进办公室说，他能造出一个能量涡旋，就在办公室里。我们想，哦，酷！但是结果他造不出来。"我遇到的许多怀疑论者也都是魔术师，他们把精力用于戳穿骗子们使用的把戏。他们相信，宗教不过是另一种幻术表演。兰迪对我说："瞧瞧罗马天主教会，它是你能遇到的最愚蠢、最夸张的东西。"我在想，在人类历史上，厚颜无耻的"奇迹工作者"用了多少魔术的把戏从易受骗的人那里捞取财富、女人和权力？今天有多少人还在这么干？

从皮浪到尼采，怀疑主义的演变

怀疑论作为哲学运动已经存在几百年了，跟大部分其他希腊哲学学派一样，它的起源可以追溯到苏格拉底。怀疑论者坚称，苏格拉底是第一位怀疑论者，因为他诚实地说他以及其他所有人知道的东西非常少。怀疑论者认为，承认我们的知识的有限性是哲学的本质。他们称自己为 skeptikoi，意思是研究者，或寻问者。据说，第一位怀疑论者，伊利斯的皮浪（Pyrrho），是伊壁鸠鲁的同时代人，公元前 4 世纪末至公元前 3 世纪初的第一位斯多葛派人士。据说皮浪曾经跟亚历山大大帝的军队一起到过印度。在那里，他遇到了一些印度的瑜伽修行者，受到了他们的哲学和生活方式的启发。当他回到古希腊后，他引入了不可知论。皮浪和他的追随者宣称，人们永远都不能确切地知道某件事是真还是假。比如，我们能够知道，对我们来说蜜的味道是甜的，但是我们永远都不能知道它本质上是不是真的是甜的，还是这只是对我们来说好像如此，可能病人或者其他物种觉得它的味道不是这样的，我们甚至有可能是在梦见自己在吃蜜。其他哲学学派，比如斯多葛派，仓促地宣称能够超越表象和公众的看法，真正地知道现实。最后，他们宣称，他们甚至能够知道神圣的现实，就像人类的理性能够知道上帝的心灵在想什么——即便上帝的存在高于人类。

古代的怀疑论者坚持认为，正是这种教条主义，是情感上痛苦的主要原因。我们跳到结论，对我们的信念过于自信，这导致我们过度抑郁，或者过度欢欣。我们确定，上帝站在我们这一边，什么都不会出错；或者我们确定，宇宙反对我们，什么都不会进展顺利。哪怕我们是伊壁鸠鲁派，不相信神的干预，我们仍然教条地坚持认为，快乐是善，当我们痛苦时就会变得抑郁。对于所有这些教条主义的疾病，古代的怀疑主义者们向他们的追随者提供了一种治疗方法。它训练他们丢掉他们的确定性，承认他们所知甚少。它提高了一种特殊的论证方法，去除所有具有的信念，由此说明，既然你什么都能相信，你就可以什么都不信。一位著名的怀疑论者卡涅阿德斯，在罗马公开表演这一技巧，这一天为正义辩护，这后一天又用论证反对正义。这令罗马人感到非常恐惧，把他赶出了罗马。

就像禅宗的和尚在沉思一则公案之后，有一刻他们突然放下理性和逻辑，开悟了，怀疑论者与此很类似，用一个论证来反对另一个，会突然间在某一刻停止思考，变得平静。按照公元2世纪的怀疑论者医生和哲学家塞克斯都·恩披里柯的说法，这种心无挂碍的平静，就是怀疑论者的人生目标。其他哲学学派对这种反对他们的理论的游击战感到震惊，他们发起了反击。亚里士多德和斯多葛派都说，如果你真的悬置一切关于善恶的信念，你就会彻底怠惰。毕竟，一切行为都涉及相信某件事值得做。你起床是因为你认为起床是值得的。类似地，你研究哲学是因为你认为这样做是值得的。不然你为什么要这样做？为什么要干点儿什么？真正悬置一切关于善恶及价值的怀疑论者如果能熬过一周，就算很幸运了。比如，如果一辆公交车朝着他们开过来，他们为什么要不怕麻烦地让开呢？实际上，有记录说，皮浪的学生要经常把他从马路上拉开。另一个相关的故事说，一天，他和他的一个学生一起散步，这个学生掉进了沟里。皮浪继续往前走，完全不为所动，是其他的学生把那个可怜的学生给拉了出来——显然，这次意外反而令那个学生更加佩服皮浪，佩服他对外界的事件完全漠不关心。

怀疑论者对于他们的哲学会导致什么也做不了这一批评做了几种自我辩护。最有说服力的是，怀疑论者按照他认为可能的事情行动。这是学院派怀疑论者做出的辩护，之所以叫他们学院派怀疑论者，是因为卡涅阿德斯等怀疑论者曾经在雅典执掌柏拉图的学园一百年左右。学院派怀疑论者跟皮浪主义的怀疑论者比起来，更加保守，不那么激进。卡涅阿德斯和其他学院派怀疑论者提出，我们虽然永远都不能认识现实，但是我们至少可以建构关于现实的尝试性假说。我们能希望的最好的结果是，一种教导或假说只要没有被证实为假，它就是正确的。我们根据我们关于现实的猜测性假说行动，同时不断地怀疑这些假说，从而抵制斯多葛派、毕达哥拉斯派、伊壁鸠鲁派和其他学派愚蠢的教条。

这种不那么极端的怀疑主义对笛卡尔以来的近现代哲学产生了很大的影响，哲学用怀疑主义批判天主教的教条，摆脱教会的影响。经由约翰·洛克等经验主义者的影响，怀疑主义逐渐跟经验主义和经验方法结合起来，它们表明，我们只能通过以观察为基础得出的将来可能被证伪的假说来认识现实。因此，我们所有的知识都是尝试性的。例如18世纪伟大的怀疑论者大卫·休谟指出的那样，在我们一生中太阳每天都会升起，但并不意味着我们能够绝对地肯定，它明天也会升起。这种怀疑论的态度有助于我们避免陷入狂热——启蒙运动所说的各种形式的狂热，尤其是宗教狂热。为什么欧洲人在18世纪的大部分时间里因为宗教分歧而相互残杀？而如果他们诚实的话，他们就会承认，他们都不能肯定上帝是天主教徒还是新教徒，他们甚至不能肯定上帝是否存在。许多更智慧的人忍住不做出过于自信和不宽容的教条主义的断言。但是休谟礼貌的怀疑主义在19世纪有了一些奇怪的后代，克尔凯郭尔和尼采等哲学家认为休谟是对的，我们什么也不能肯定。在人类所有的理论和价值之下，裂开了一个虚无的深渊，这种虚无意味着真正有价值的不是理性和逻辑，而是权力和信仰。我们必须声称自己是无意义的宇宙中纯粹意志的创造，我们必须勇敢地给自己立法，这是当代励志学派地标教育论坛背后的激进哲学。

"地标论坛"的由来

强化培训是美国二手车销售员约翰·保罗·罗森伯格发明的。有一天，罗森伯格丢下他的妻子和4个孩子，跟一个女人搬到了圣路易斯。在那里他成了《大英百科全书》名著项目的推销员。在空闲时，他有意地研究他那个年代的一些顶尖的励志大师，如戴尔·卡耐基、拿破仑·希尔、存在主义哲学、禅宗，甚至对罗恩·赫伯特也略知一二。他把这些东西综合到了他自己的强化训练技巧中，他声称他的强化训练能把一个人从他的烦恼中彻底解放出来，给予他们"彻底改造自己"的可能。他把这一套训练称作艾哈德研讨训练课程（Erhard Seminars Training，简称 EST）。跟斯多葛派和认知行为疗法一样，罗森伯格提出，导致痛苦的不是事件，而是我们对事件的看法或经历。我们跟自己讲关于现实的错误的故事，然后错误地把这些故事当作现实本身。斯多葛派认为，在我们所有错误的故事背后，有一个真正的神，以及正确的生活方式。罗森伯格比这走得更远。他跟古代的怀疑论者一样，坚持认为所有的伦理叙事都只是故事，没有一个是真的。罗森伯格对BBC的亚当·柯蒂斯说：

"艾哈德研讨训练课程真正的意义是，一层一层地深入，深入一层又一层的自我背后，直到你到了最后一层，然后把它撕开，这样就会有这样一种认识：其实全都没有意义，都是空的。现在，这是存在主义的终点，但是艾哈德研讨训练课程走得更远。它不仅是空的、没有意义的——而且说它是空的、没有意义也是空的、没有意义的。这其中包含巨大的自由。一切建构、所有你加给自己的规则都消失了。没有任何一个特别坚实的立足点，因为从这里你什么也创造不了。你可以成为你想成为的任何东西。"

罗森伯格希望从极端怀疑主义的虚空中鼓动人们去创造新的自我，在一个无意义的世界中，成为尼采式的纯粹意志的超人。他以这种方式重塑了他自己，给自己取了一个非常犹太的新名字：沃纳·汉斯·艾哈德。艾哈德研讨训练课程取得了巨大的成功，使艾哈德在20世纪70年代和80年代初成了一个名人和有钱人。在1991年，艾哈德把这一生意卖给了一位家庭成员和其他雇员，它被更名为地标教育论坛。从那时起，它的生意仍然很好，有100多万人上过它的预备课程。它在世界各地都有培训中心，在北伦敦有一幢四层小楼。我在2011年10月寒冷的上午，在那儿上了三次的预备课程。

极端怀疑主义制造的虚空

学员们聚集在一个大厅里，一排排椅子面向讲台。在讲台上坐着课程的培训师，一个叫大卫·尤尔的澳大利亚人。他说我们将体会到人类历史上一种非常新的东西："人类搞砸了10

万年，现在地标教育论坛将令一切正常。"他给地标教育论坛找了一位前辈："最接近于地标的教育论坛做法的是苏格拉底。他没有哲学要教。他什么也没写下。他向他的学生提问。在谈话的结尾，他们比刚开始知道的更少。"

大卫说："就像扑克，除非桌上有你的钱，不然你不会对下一张牌感兴趣。"课程的收费并没有阻挡人们的热情：大厅里聚集了200人，在巨大的空调下面冻得发抖，等待被改变。这200人要经历的是三天的密集人生训练。课程被培训师牢牢控制，培训师认真地按照脚本上课。刚开始，听众高喊一些口号，或者站起来发表评论，但是我们被告知，参与的唯一方式是走到房间里三个麦克风之一前面，我们可以在那里跟培训师展开苏格拉底式的对话。培训师坚持要求我们从学术概念转向我们生活中的具体情境。我们被劝说去分享。课程还特别强调要真实——虽然没有解释为何在无意义的宇宙中真实具有特别重要的道德价值。然而，我们被告知，如果不公开地共享我们的内心、我们的秘密和谎言，我们就不能从"地标"中获益。人们排队上去分享他们的故事：爸爸从来都不爱我，我的叔叔性侵我，我女朋友不重视我。这是大型的自我揭露狂欢。这种行为本身令人深深地感到满足：它利用了我们自恋的谈论自己的冲动，以及我们冲破自我向很多人表达自己的感受的愿望，就像人们在教堂里所做的那样。这也是一场大戏，就像是三天的杰瑞·斯普林格的电视节目。

接着，在你分享了你的故事之后，培训师会撕破它。现在，挑衅的苏格拉底式对话已经不新鲜。爱比克泰德会责备他的学生，第欧根尼向路人撒尿，阿尔伯特·艾利斯会在他周五晚免费的论坛嘲笑人。但是在培训课程中，以及在地标教育论坛的一些课程中，公开的嘲弄会非常残忍。培训师攻击你的骗局，嘲弄你的自怜，贬低你的经历，展示你这些年一直随身带着的故事的空洞。在我上的课上，培训师这样说学员："你是一个彻头彻尾的骗子"、"你肮脏、一点儿也不真诚"。学员的自我叙述被全能的培训师——坐在主持席位上的大叔或大妈——公开地解构。学员站在他们前面，就像顽皮的孩子，很自然地感到紧张、耻辱和容易受伤，但又有些高兴。（"我是一个撒谎、骗人的卑鄙之徒，我活该这样!"）接着，当故事被公开剖析之后，培训师会给出一个光明的新黎明的前景。如果他们承认自己的故事是一个谎言，承认通过地标教育论坛能获得真正的自由，他们就迈入了一个"可能的神奇的新领域"。培训师问："明白了吗?"学员像一个悔改的小学生一样说："我明白了。""好，谢谢你的分享。"接着房间里的200人都向那位学员鼓掌，感到被公开取笑的强烈耻辱之后，他们又感到了被所有人接受、赞美带来的强烈的释然，以及对取笑他们的培训师的强烈崇拜甚至爱恋。大卫对我们说："过两天，你们会恨我。到第三天，你们将希望跟我结婚。"

　　地标教育论坛的培训对一些学员产生了惊人的效果。传统疗法在告诉人们该做什么时很谨慎，但地标不是这样。我那个小组中的一个人跟我们分享的是，他向他的父母隐藏了他的性取向。培训师下一个课间让他给他妈妈打电话。他打了。在一个课间，培训师鼓励我们给自己的一个家人打电话，跟他们分享，然后人人都冲出去分享。（一位学员走了回来，有些颓靡，对我们说他妈妈的反应是："哦，宝贝儿，那说的根本不是你！"）重要的是，我们被告知在这样交流时要如何做到真实。我们要说我们正在地标教育论坛上课。我们要邀请人们过来参加毕业典礼，让他们也来上课。大卫问我们："你的妈妈难道不会也得到好处吗？还有你的伴侣？你的孩子？"我们都准备把地标教育论坛的文化基因像垃圾邮件一样，发给我们的朋友和家人。学员们把文本发给他们电话上的所有联系人，就好像他们是感染了病毒的电子邮箱。这部分是地标教育论坛的天才之处，就像一种营销策略。如果你希望你的产品或观念被传播，就把你的消费者变成垃圾邮件。这是斯多葛派失败之处，是基督教成功之处。

　　地标知道人们是多么渴望自由，而且还渴望得到赞同、渴望屈服于权威、渴望可以跟上千人分享共同的术语。我们都很自恋，但在更深的层面也是墨守成规的人。对于这一点地标教育论坛很清楚，然后加以利用。你会惊讶地看到，听课的人很快就能吸收和模仿地标教育论坛的术语，用"骗局"、"戏剧性的经历"、"故事"等词语描绘他们的内心生活。培训师反复说："有谁听明白了吗？听明白的，请举手。"所有的人都举起了手。

乔的故事：健康的怀疑主义

有人发现，参加地标教育论坛的经历真的有用，而且能改变人。但它也是一种非常激进培训方式。每个人在上课前都要填的弃权声明承认了这一点，声明说，虽然地标教育论坛绝对是安全的，但是有极小的患轻微精神病的危险（我喜欢"轻微"这一说法），"有十万分之一的听课者不明所以地自杀了。"他们强烈建议患有躁郁症、抑郁、失眠或精神健康不稳定的人不要来上课，并警告说，地标教育论坛的培训师并不是专业的治疗师。虽然有这些明确的警告，我仍然担心小组里的一些人，就像一个来自印度的男子，他哭着说他小时候被性侵过。他几乎不会说英语，他真的听懂了别人跟他说的话了吗？他知道为什么整个小组的人都在笑吗？他们不是在嘲笑他，而是在笑培训师说的话。但没时间去弄清这些——表演必须继续。

对一些容易受伤的人来说，让他们的自我欺骗被公开解构会给他们造成创伤。不管怎么说，乔就受到了伤害。乔20世纪初大学毕业后，他很抑郁，他的自我评估处于低潮，他被卡在了一份他不喜欢的行政工作中。他听说地标教育论坛后，就报了名。乔上的伦敦课程的培训师叫艾伦·罗斯。整个周末，所有的学员都站起来，跟小组其他人分享他们的个人创伤。乔说："有人被强奸，有人被虐待，有人杀了他的父亲。培训师并不同情这样的经历，还会嘲笑这些人的自怜，并坚持认为他们要为他们的遭遇负责。"比如，一个女孩说她曾经被强奸。培训师坚持说，她为这件事的发生"创造了条件"。

乔是第一个站起来挑战培训师的权威的人。

"我记得，我被吓坏了。我说：'如果你想要世界的每个人都承认并非一切皆有可能该怎么办？'培训师嘲笑我说：'你的问题是，你喜欢玩聪明的小游戏。'我感到很崩溃。我突然想，这是不是真的，我是否真的是一个执着地认为我的智力没有价值的人？我坐了下来。我并没有顿悟……我只是没有胆子离开。"

在接下来的三天中，乔变得越来越紧张，但他觉得他必须接着上课，以便从课程中获益。上完之后，乔再也无法理解世界。他产生了严重的应激障碍，他的神经系统出了问题，好像他有生命危险——归根结底，是他的自我有生命危险。"我的自我信念被破坏了，但是没有别的东西替代它。"极度的压力搅乱了他的认知过程，使他患上了严重的妄想症，并产生精神错觉，他以为每个人都在用暗语谈论他，哪怕是电视新闻，他还觉得即将发生全球性大灾难。最后他在精神病院待了6个星期，其间他努力搞清楚他在哪里，出了什么事情。"一度我以为我们都患上了疯牛病，除了那些没得上的人，游戏是找出哪些人得了，哪些人没得。"

在服用抗精神病药物，用怀疑论者的技巧寻找证据看哪些故事可能是真的哪些不可能是真的之后，乔逐渐回到了现实。他的经历使他陷入了深深的认识论上的怀疑之中，他通过建构和测试假说，把自己拉了出来。比如，他认为每个人都在看着他、思考他、谈论他。他就努力来验证这一点。他强迫自己抬头看是不是所有人都在看着他。那些人没有看他。他慢慢地找到了一个办法，把更多的确定性或可能性引入他跟世界的互动之中。他痊愈了，最近去读认知科学和哲学博士学位去了。我要说，乔从一种完全激进的怀疑主义（没有什么是真的）走向了更加健康的怀疑主义（根据证据，有些假说比其他假说更有可能），这是他恢复健康的关键。这种对我们关于世界有节制的怀疑对我们所有人都有好处，这样，每当我们发现自己以为"那个人恨我"时，我们就可以问自己，"真的是那样吗？你肯定吗？证据在哪里？"根据认知行为疗法，情绪障碍的典型成因是太相信我们对世界僵化的理解。一个抑郁的人确信事情会出错，一个对社交焦虑的人确信别人不喜欢他。因此，我们可以学着质疑我们自己僵化的观念，以新的方式解释我们的经历。

地标教育论坛热心的公关部门主任德布·米勒向乔的遭遇致歉，但是说那没有代表性，大部分听课的人发现这门课程特别有益。德布对我说，乔的课程的培训师艾伦·罗斯是一部批判性法国纪录片的主角，他已经不再为该组织工作了。过去5年里，地标教育论坛已经"彻底更改"了它的方法。我们不能把乔的患病直接归罪于地标教育论坛——他在参加讨论班之前就感到抑郁了，他也许本来不该去参加的。也许地标教育论坛应该对人们发出更清楚的警告：这一课程并不适合所有的人，但它的网站仅鼓吹其不可思议的好处，而对于风险只字未提。

怀疑主义能否成为一个社会的基础？

在古代，怀疑主义被用作一个小的学派和团体的基础，但是现代怀疑论者——我在拉斯维加斯奇异会议上遇到的一伙无信仰者呢？这群怀疑论者和多元化一个群体真的能成为一个团体吗？根据我在拉斯维加斯出席奇异会议几天的观察，以及全球怀疑论者运动的规模来看，答案是肯定的。现代怀疑主义已经证明，创建一个有共同思想团体，你不需要相信上帝。第一次出席奇异会议的莎瑞亚说："我成长于一个摩门教家庭，但我离开了那个家。也许我在这里找到了一个新家。"是的，她找到了一个新家。但我问她，你和这一团体的联系有多深？你真的会信任那些跟你的孩子在一起的陌生人吗？她想了一会儿说："我想我会的。我遇到了一些真的很好的人。"

怀疑主义作为群众运动获得成功的部分原因可能是，怀疑论者跟天主教教会一样，知道如何上演一个优秀的演出。怀疑论者运动中有许多魔术师、幻术师、喜剧演员和超自然调查者。那是一个很有趣的团体，其他人的蠢行也提供了许多笑料。但是现代怀疑主义能成为大众运动主要原因是，跟古代怀疑主义不同，它有积极的价值观和信念，它相信科学。《怀疑论者》杂志的创办人迈克尔·舍默对我说："怀疑主义真的就是科学——它是一种科学的思维方式，从怀疑开始，然后寻找可验证的证据，用它去让世界变得更美好。"每一个积极的东西都有消极的一面：在怀疑论者的心灵中，科学的崇高力量在忙着跟宗教非理性和破坏性的力量开展"零和战争"。

近代的怀疑论者运动，跟基督教一样，因为感到它有不共戴天的敌人而需要组织起来保护其价值观而充满了活力。播客《怀疑论者宇宙指南》的主持人史蒂文·诺维拉对奇异会议的听众说，他因为支持疫苗而被天主教激进主义者给妖魔化了。他对听众说："你们要了解这些人的思维模式。他们是非理性的，他们视我们为实施秘密计划以占领世界的邪恶的阴谋集团。"但是，在内华达沙漠中跟怀疑论者相处了几天后，我在想，现代怀疑主义本身是不是保留了这种我们对抗他们的思维方式。发言人之一、心理学家卡萝尔·塔夫里斯告诉听众："我们人很少，他们人很多。所以我们需要容忍运动内部的分歧，把注意力放在科学思想真正的敌人上面。"怀疑论者有时把自己描绘为跟他们的文化中非理性的恶魔搏斗的英勇的圣徒：大桌子上出售的T恤上画着兰迪跟一个恶魔般的女性搏斗，上面写着"第一轮：戳穿！"兰迪在会上说："我可以保证，你们在沙漠中开了几天会，回到家之后，能够更好地挫败你每天遇到的胡言乱语。"就像奇异会议是一种沙漠中的萨满培训。这里是一个理查德·道金斯所说的"清晰思考的绿洲"。在那里，就在几米之外，是一个充满胡扯、废话、无病呻吟的世界，必须反复谴责这些废话，就像路德在天主教堂朝猥亵的东西吐痰，必须揪出胡言乱语，从这片土地根除出去，就像圣帕特里克从爱尔兰把蛇赶走。像古代的怀疑论者那样，只安静地悬置信念，同时忍耐其他人的非理性是不够的，如果现代怀疑主义想成为真正的社会运动，那么它就需要一个使命，需要运动和战役，尤其需要敌人。这是现代怀疑主义的一个悖论：它拥护宽容，但又忙着跟宗教展开零和战争。世俗联盟的执行总监肖恩·菲尔克劳斯吼道："今天国会里的神政主义者比以往任何时候都多。现在是最危险的时候，我们需要传播这一消息！"

科学靠得住吗？

科学与宗教之间善与恶的较量会导致一些非常缺乏判断力的陈述，比如"我相信科学"或者"科学是善的"，这两种说法我在奇异会议上都听到过，它还会造成对理查德·道金斯等科学家近乎宗教狂热般的尊敬。更加有趣的怀疑论者不满于仅仅取笑宗教激进主义或新时代的骗术（这样做很容易），而且批判性地省察我们的文化对科学的崇拜。比如，我们已经抛弃了旧的对预言家的力量非理性的信仰，代之以同样非理性地相信经济学家和社会学家对世界的解释和对未来的预测。怀疑论者纳西姆·尼古拉斯·塔勒布在《黑天鹅：如何应对不可知的未来》中指出，对社会科学的过度信任会跟宗教狂热一样有害。信贷紧缩不是宗教右派造成的，而是由于银行对经济学风险模型的信任、投资者对格林斯潘的信任，以及格林斯潘对市场完美理性的信任。我们的文化过度信任科学的另一个例子是精神分析造成的有害影响。我们的文化特别相信精神分析，许多心理学家对它的创始人弗洛伊德有一种宗教般的尊敬。弗洛伊德主义的信条是，所有的神经机能疾病都是童年时的性创伤（真实或想象的）引起的，这一信条不仅是错误的，还造成了大量的损害，尤其是精神病医师成功地在病人身上植入了虚假的性侵害记忆。怀疑论者伊丽莎白·洛夫特斯巧妙地说明了这一点。更加有趣的怀疑主义者认识到，导致非理性主义狂热兴起的，不只是宗教。我们有一种内在的倾向，去过度相信权威和信仰体系，去攻击批评这些信仰的人。

我认为，明智的怀疑论者会赞同"科学方法"并非必定是"善"的——这种方法既能用于做好事，也能用于干坏事，全看你有什么样的价值观。实际上，最善良的科学家们发明了原子弹，还需要你去决定如何使用它，所以越来越多的政府和研究机构成立生物伦理委员会，所以单纯地说"科学是善的"是不够的。有些现代怀疑论者还十分教条地确信上帝不存在，宇宙没有目的。量子物理学要我们去相信一些奇怪的事情——时间可以倒流、观察会改变物质、存在着多重宇宙、在其中一切皆会发生——以至于认为宇宙通过某种有意识的智慧相连，就像斯多葛派所理解的神。但是在其他领域，现代怀疑主义好像并不十分教条、武断。为什么这一运动对气候变化这一问题保持沉默？为什么它不攻击所有糟糕的科学，有意地忽略这一重大问题？为什么怀疑论者用那么多精力攻击狄巴克·乔布拉、詹姆斯·范·普拉，却很少攻击埃克森石油公司、雪佛兰以及他们在华盛顿的游说者？我想，答案是该运动本来是自由主义的，要求通过全球立法来控制和削减二氧化碳排放将违反其自由主义立场。

从长远的历史视角来看，显然怀疑主义的兴起对我们的文化起了很大的帮助。你只要想想现在有的国家的巫医还会在祈求丰收的仪式中用孩子献祭，就会欣赏西方理性主义者的科学的胜利。新时代运动也许会哀悼巫术和万物有灵论的年代的消逝，但我很感激我们再也不会在挥舞着刀的祭祀面前颤抖。我可以肯定，如果我生活在美国，周围都是虚伪的福音派传教士、激进主义的议员和兜售恐惧的煽情快嘴，我也会是一个身体力行的怀疑论者。但是我不是那样的人。我住在英国，我们的社会已经深深地世俗化了，去教堂的次数很早以前就在降低。从英国人的视角来看，道金斯和他的同类好像是古怪的历史人物，在重演他们早就获胜的战役。在我看来，他们打的不是我们这个时代关键的战役，比如气候变化或资本主义的道德危机。在他们讨伐有宗教信仰者时，怀疑论者好像蓄意忽略了我们从宗教传统中得到的益处——包括现在西方科学使用的许多治疗技巧，比如认知行为治疗和冥想。宗教是一个关于情感与改造我们的一种方式。我们可以欣赏这些东西，同时批判宗教更极端、更有破坏性的形式。

现在我们该上最后一课了，我们将深入探索哲学家如何跟社会打交道、如何改造社会的问题。在下一堂课，我们将遇到犬儒学派。对于社会的病症，他们有一套非常激进的解决方案。

政治学

P O L I T I C S

09
纷繁社会中的简单生活

在圣保罗教堂庄严的柱子前，冒出了零星的彩色蘑菇一样的帐篷。匆忙赶往伦敦证券交易所的商务人士对佩特诺斯特广场上的标语视而不见："开始即将到来"、"对高利贷说不"、"杀死你脑子中的警察"、"我们是幻象"。有一个穿着中世纪装束的人，戴着盖伊·福克斯面具，在帐篷周围叮叮当当地走来走去。还有一个人拿着一个巨大的塑料面具，还有一条标语，上面写着："在资本主义的坟墓上跳舞。"有几个人打扮成僵尸（正值万圣节），突然把亡灵拖走。有供应食物的帐篷，有"静心中心"，一个临时电影院，一个教授冥想、幸福经济学等各种课程的"帐篷城市大学"。这，就是"占领伦敦"的营地了，在推特上的用户名是 #occupylsx。它跟其他无政府主义者的占领活动一样，就像是 2011 年年底全球资本主义的脸上突然长出的疖子。主流媒体的评论员轻蔑地看着它们，之后是惊奇，接着是真正的困惑："他们是谁？他们想要什么？他们的要求是什么？"

也许占领者不要求任何东西，他们只是在展览。他们在纽约、伦敦、布里斯托、柏林、奥克兰等城市的街道上活动，展示出了另类的社会观。营地是理想家展出的无政府主义版本。他们展示了这样一种团体的生活方式：努力废除独裁主义，提高参与度。伦敦一条标语写道："来看看真正的民主是什么样子。"每隔几个小时，占领者就在圣保罗教堂的台阶上召开一次大会，有人拿着话筒演讲，然后大会分成小组，讨论那个演讲，把他们自己的意见反馈回去。占领者通过一种共同的手语表达他们的情绪——爵士手势代表同意，T手势的意思是你有一个技术方面的观点，交叉手腕表示你阻止投票。占领者在展示一种以分享和礼物而非财产和资本为基础的经济体系。他们在展示一种以想象、讽刺和幽默的喜剧方式来生活，而非坐在桌前看着钟表的生活方式。他们努力说明，要想快乐需要的东西其实很少：一段人行道、一顶帐篷、一个睡袋，还有一些朋友。这是朴素的生活方式的典范吧？

卡勒的故事：简单生活运动

占领运动始于2011年9月17日，当时，温哥华的无政府主义组织广告克星，号召用帐篷占领华尔街，仿效那年早些时候占领开罗解放广场的运动。《广告克星》是一个反消费主义的杂志，也是一个致力于反文化干扰的抗议运动。其创办人和精

神领袖是卡勒·拉森，70岁的他在努力推翻资本主义的行动中
毫无倦态。卡勒对我说："我们都处于一场文化革命的起点。我
们现在的制度在生态上是不可持续的，在心理上是有侵蚀性的。
它毁坏我们的地球，毁坏我们的心灵。公司控制了媒体，用消
费主义的广告轰炸我们。至少75%的人陷入了消费的恍惚状态。
他们完全被洗脑了。终有一天，人们在道琼斯下跌7 000点时会
突然醒悟，问到底怎么了，他们的生活将崩溃。他们将不得不
重整旗鼓，学习如何生活。"

　　也许让人感到惊讶的是，卡勒一开始就是做广告的。他的
父母是移民到爱沙尼亚的苏联人。他在德国一个被驱逐出境者
的营地长大，后移居澳大利亚，然后又到了日本，在那里他在
20世纪60年代繁荣的广告业工作。他说："那是一个很繁荣的
年代，适合经商。我明白了广告业是干什么的。我发现广告是
一个道德中立的行业，从业者不关心他们卖的是烟是酒还是可
乐。对他们来说，广告只是一场有意思的游戏，社会反响跟他
们无关。"他接着又移居到加拿大，在那里他参加了刚刚开始的
环保运动。到1990年，卡勒跟一个环保分子组织在一起，发起
反对伐木的运动。这个组织希望购买电视时段，播一段广告。
"他们说不卖给我们。60亿美元的伐木业可以买，但是我们买
不到。从那以后，我们做的一切都是源于那次的怒火，因为意
识到一方能上电视，而另一方不能。我们希望有表达的机会。
只有人人都有发言权，民主才能真正地运作。"

　　20世纪90年代初，卡勒和他的朋友们在温哥华创办了《广

告克星》。该杂志的全球发行量很快就达到12万册，刊登马特·泰比、比尔·麦吉本，以及卡勒和其他广告业的难民们设计的有趣的讽刺广告。在一则广告上，骆驼香烟20世纪90年代的代言人骆驼乔躺在病床上接受化疗。另一个广告上有一个松弛的伏特加瓶子，配的文字是"绝对阳痿"。还有一则，一个男模俯视着他的CK短裤，文字是"让男人痴迷"。卡勒说："我们每天接触那么多吸引我们去消费的信息——上千，甚至上万条。我们努力在做的是，发出几条表达相反观点的信息。"卡勒说，戏仿广告运动的创意源自20世纪60和70年代的情境画家运动，他们用街头艺术、海报和反文化涂鸦努力丑化工业资本主义的货币。卡勒说："情境主义者谈论的一件大事是détournement，这是一个法语单词，意思是拿来一个现有的情境，然后巧妙地、柔道般地创造一个相反的情境，从而毁掉现有的情境。如果你是一个文化干扰机，你面对着耐克，它是一个跟各种权力一伙的大公司，但由于你跑得快，非常灵活，你抓住它们，用优美、漂亮、富有智慧的绝招把它们摔倒在垫子上，在某种程度上，你智取了它们。"

　　1992年，广告克星发起了"无购物日"，在这一天参与者自愿停止消费24个小时。卡勒说："许多人决定经受一下俯冲的痛苦——对一些人来说，这跟戒烟一样困难，抵制买一杯咖啡或一根巧克力棒的冲动是很困难的。人们经受了突然停止使用毒品一样的痛苦，他们浑身流汗，意识到购物的冲动就像是毒瘾。"广告克星运动的希望是，人们戒掉消费习惯，接受一种简单、自由、努力创造的生活。卡勒说：

"简单生活运动的参与者都被消费文化伤害过。他们要么承受着很大的压力，要么有些情感障碍，或者失去了工作——他们真的因为活在相互残杀的资本主义世界而遭受了痛苦。他们说，'你知道，我不需要汽车，我不需要每个房间都有电视机的大房子，我不需要每个圣诞节都刷爆我的信用卡。我要放慢节奏，我要过更简单的生活，手里的钱就够我生活的了，我要做我喜欢做的工作，而不是报酬高的工作。'这些人彻底地改变了他们的个人和他们的工作与生活。"

这听上去很平凡，但是卡勒明白，只有一小部分人表示了放弃消费主义的意愿，所以他认为反对资本主义文明的斗争也许应该变得暴力一些。他写道："美国需要把它从自己手中解放出来……我们将毁掉这个世界。"他对我说："天知道革命之后会怎样。我们要自下而上地建立新的制度，我不知道这样的制度会是什么样子。"当问及他是否担心革命会带来一个更加独裁的制度，就像法国革命和俄国的革命那样，一小撮知识分子把他们的哲学强加给大众，他说：

"当然有这种危险。我这辈子一直都在学习革命，每一场革命都面临这样的危险。在早期阶段，全都是具有理想主义、追求真理、诚挚可信的人。但一旦他们获胜，就可能走向反面，就像在俄国那样。我相信，我们正处于一场巨大的文化革命的起点。我确信，多年之后，当我们获胜了，我们中间的一些人将会变成恶魔。人类的精神就是这样运行的。但我仍然相信，获胜很重要，也担心我们以后会变坏。但眼下我们需要把当前的恶魔摧毁。"

第欧根尼，像狗一样生活的哲学家

古代哲学的疗法通常都有政治维度。情绪紊乱通常源于我们的信念，而我们的信念可能源于我们的社会，源于社会的经济和政治结构及其价值观。所以哲学家要决定如何处理与社会的关系。斯多葛派的反应是安静地使内心独立于社会有毒的价值观。伊壁鸠鲁主义者的反应是离开社会，建立朋友组成的团体。这两种反应都不关心政治——斯多葛派和伊壁鸠鲁主义者都认为哲学家无力去改革社会，所以他们应该把注意力集中于他们自己的自我实现。但是还有其他更乐观的观点，关于哲学家如何可以变革社会，从而不仅把他们自己解放出来，还要把整个社会从对文明的不满中解放出来。我们将在晚课检视这几种反应。

我们要检视的第一种反应是犬儒主义。犬儒主义者提出，我们应该抛弃文明。他们激进、极端的生活方式正在街道上重现。第一位犬儒主义者，也是最著名的一位，是第欧根尼，你可以在拉斐尔的《雅典学院》的前排看到他。他躺在大理石台阶上，就好像那个地方是他的，他破破烂烂的蓝色披风往后撩起，露出了他结实的躯干。第欧根尼是黑海沿岸城市西诺比人。他的父亲是一位银行家，不是他就是第欧根尼被控"在西诺比的货币上乱涂乱画"，导致第欧根尼被逐出该市。他在丑闻的阴云下流亡到了雅典，但他接受了自己的恶名，成了一位激进的哲学家，宣称他的人生使命是"涂脏"文明传统的货币。第欧根尼认为，人类的不满情绪源于文明错误的价值观。为了治愈我们自己，像斯多葛派那样，仅待在文明内部的同时保持内心的自由、脱离文明的价值观是不够的，必须抛弃文明，要积极地涂脏文明错误的价值观。像占领者一样，第欧根尼在街道上表演他的哲学，穿着破衣服，吃残羹剩饭，住在罗马市场中央的一只桶中，向困惑的雅典人展示自然的生活是多么简单、快乐。这种动物般的古怪行为给他招来了一个外号"狗一样的第欧根尼"（Diogenes Kynikos），这就是"犬儒"（cynic）一词的由来。所以，"犬儒"的本意是一个人抛弃了文明错误的价值观，过贫穷、苦行和道德自由的生活。第欧根尼说："不要无意义地辛苦工作，而要选择自然的劝告，由此快乐地生活，但是人们疯狂地选择了悲惨的生活。"

我们为什么会选择过得很悲惨？因为我们想被我们的文明社会接受。住在拥挤的大都市里，使自己有礼貌，其实"礼貌"（polite）一词本源自希腊语的polis，意思是城邦；"都市"（urbane）源自拉丁语中的urbs，意思是城市。我们要想在城市中和睦相处，想有所作为，就要考虑我们的行为会对周围的几百万人产生什么样的影响。我们要守规矩，遵守大都市的规范，不然我们就不会被文明社会接纳。我们需要赢得周围陌生人的赞同，避免被他们指责。我们内在的耻辱感和获得公众赞同的欲望使文明得以存在。我们把他人的注视内化，这种内心的旁观者变得全能地凌驾于我们之上。但是第欧根尼坚持认为，我们的耻辱感被文明弄得太精细了，导致我们焦虑、神经质、感到疏离，我们担心自己给他人留下不好的印象。我们把全部精力用于在陌生人面前好好表现，拿出精心打理的文明的面具，藏起任何看上去粗野、狂暴、原始的东西。害怕留下差的印象在很大程度上是造成我们对文明不满的原因。第欧根尼抛弃了这种价值体系，认为应当"按照自然生活"。如果一种行为是自然的，我们为什么要感到羞耻？我们为什么要把它隐藏起来？犬儒主义者推倒了公众和个人、公众和个人道德之间的壁垒。第欧根尼当众吃饭睡觉，当众便溺，甚至当众手淫。为什么不能当众手淫？如果它是一种罪恶，我们公开或私下里都不该做，如果它不是罪恶，我们就不应该羞于在众人的注视下那么做。我们私下里快乐地放屁，但我们为什么要羞于当众放屁？那是对一种自然行为的神经质的压抑。第欧根尼的学生克拉特斯听说，有一个叫梅拓克的年轻人在做一个重要的演说时放屁。梅拓克因为这一失礼的行为而感到非常害怕，他把自己关在了家里，决定自杀。克拉特斯去看望他，快快乐乐、自我肯定地放了一个屁。从那时起，梅拓克就成了他的学生，后来成了哲学家。

犬儒主义的生活方式要求自愿地无视公众的挖苦和反对。我们太担心别人对我们的看法，害怕遭到他们的反对。结果，我们变得焦虑、痛苦，困于非本真的生活之中。所以我们要宣布我们的独立，拒绝隐藏我们自然的行为，训练自己不去在意他人的嘲笑和奚落。我们要攻击内心的审查官，杀死我们头脑中的道德警察。文明的价值观误导了我们天生的羞耻感，所以我们要改造自己，对真正值得羞耻的事情感到耻辱，对自然的行为不感到羞耻。犬儒主义要发起一场个人道德的革命——犬儒主义者抛弃以表象为基础的虚假道德，走向以遵守个人道德规范为基础的真正的道德。犬儒主义者不想在陌生人面前好好表现，他们想按照他们自己的个人规范，好好地做事。

让外界的羞辱变成内心的胜利

跟它听上去一样，极端犬儒主义重新定义和改变我们的耻辱感的技巧用于现代心理疗法，被称为"羞耻攻击"。调配古代技巧的人是认知行为治疗的先驱阿尔伯特·艾利斯，看上去他似乎是从行为疗法而不是犬儒派哲学那里拿来的这种技巧。十多岁的时候，埃利斯担心被女孩拒绝和嘲笑。所以，18 岁的时候，他决定把自己从这种后果严重的耻辱感中解放出来。他去布鲁克林植物园，给自己下了一个任务：要在长椅上坐在一个女孩旁边，开始跟她说话。他要跟一百个不同的女孩这样搭讪，直到他克服了他的尴尬和焦虑。他记得："在一百次谈话之后，我约了一个女孩，她没有来。但我克服了对女孩说话的恐惧，最终成为纽约最佳搭讪者。"（他写了一本书叫《吸引的艺术》。）20世纪50年代，在艾利斯设计理性情绪行为疗法时，他利用了这一经历，并坚持认为，只在治疗室挑战自己的信念是不够的——我们还需要走出去，在大街上、在现实生活中去练习。每次我们成功地挑战自己的恐惧，我们就使它对我们的控制松弛一些。所以，如果我们害怕被观看或被嘲笑（像社交焦虑症患者那样），我们就要有意识地练习招致嘲笑，使自己对这样的经历脱敏。艾利斯给他的病人布置家庭作业——他们要用铅条叉着一根香蕉沿着麦迪逊大街走，或者问陌生人北极怎么走，或者在超市大声唱歌。很自然地，人们会觉得他们很奇怪，但那又怎样？一点嘲笑并不会杀死他们——全部的意义就在这里。他们把他们最害怕的东西变成了个人的胜利。通过改变他们的态度，外界的羞辱变成了内心的胜利。许多人后来发现这一技巧能有效地克服社交焦虑——有10%的人存在这一问题。比如，喜剧演员威尔·法瑞尔说，他小时候为害羞所苦，但通过有意识地招致嘲笑而克服了这一问题。法瑞尔对《人物》杂志说："我总是强迫自己当众做疯狂的事情。上大学时，我会把自己的裤子褪得很低，直到露出屁股，然后推着高射投影仪走遍校园。然后我的朋友会刺激众人说，'瞧那个白痴！'我就是这样克服害羞的。"

　　兰开夏郡的一个年轻人戴夫·麦克纳对我说，他也用过"解决羞耻"的技巧克服他有害的社交恐惧症。他说：

"我讨厌成为注意力的中心，过去常常感到自己的自我意识。我的社交恐惧症非常严重，我一个同伴都没有，也没有女朋友，没有工作。我的梦想是成为职业足球运动员，但是每次当众踢球时，我都特别怯场。后来我从一个社交恐惧症帮助网站上得知了解决羞耻感的技巧，我觉得我该试试。我想出了一个三个月的计划，我计划去布特尔的购物中心做空拳攻防练习，以便于习惯人们的注视。我记日记，在日记中写出我的计划——你要有系统的计划，这样你才能评估你取得的进步。我计划了几个星期，但接着我扯下拳击手套，我太害怕了，自我意识太强了。我害怕到感觉恶心，转身就回家。"

但最后，有一天，他有了飞跃：

"我取出拳击手套，戴上，开始做空拳攻防练习！那是我第一次那样做，不安得可怕。但是一周之后，开始变得容易些了。我就加大力度，试着穿化装舞会的服装——我穿成稻草人。那时我感到了差别。我往购物中心走，穿成稻草人，我注意到我没有感到紧张和有害的自我意识。就在几周前，我的自我意识还是那么强，使我几乎无法出门。现在我能穿成稻草人沿着街道走，而且一点儿也不会感到不安。"

犬儒主义的生活方式：别挡住我的阳光

但犬儒主义不只是个人疗法，它比这更激进。它还对文明、对社会、对其道德和经济价值观进行批判。第欧根尼是一个流浪汉——他住在雅典市场中央的一个桶里；他唯一的财产是一件破烂的披风；他吃被逗乐的雅典人丢给他的劣质食物和剩饭。这种生活跟"美国梦"完全相反。它是最文明的人最可怕的噩梦。伟大的哲学家与经济学家亚当·斯密在他的《道德情操论》中说，对大多数人来说，被他人看到你乞讨或流浪是"比死亡还糟糕"的命运。我们害怕被别人视为失败者。因此，为了寻求陌生人的赞同，我们终生致力于尽可能地显得有钱、迷人、成功。用经济学家蒂姆·杰克逊的话来说："我们把我们仅有的钱花在我们不需要的东西上，以便给我们不在乎的人留下转瞬即逝的印象。"斯密本人承认，如果我们有朝一日做到了，变得富有、成功，我们往往会发现我们并没有比起初更快乐。我们可能甚至还不如刚开始那样快乐，而是变得更焦虑，脾气更差，压力更大。我们意识到，我们追逐的是一个幻想，在努力取悦想象中幽灵一般的旁观者。但是，斯密认为追逐这种虚幻的东西是好的，因为这种虚幻的东西推动的生产和消费能帮助经济增长。（或者，用他的话来说："自然这样强加给我们挺好的。正是这种欺骗激励和推动人类不停地辛勤工作。"）斯密的同时代人伯纳德·曼德维尔指出，如果我们都像第欧根尼一样禁欲苦行，资本主义经济将会崩溃。资本主义需要我们因自己的这种价值观而感到不安全，过着悲惨的努力奋斗的辛劳的生活。

　　第欧根尼拒绝接受这种激烈的竞争。相反，他接受贫穷的生活，甚至很张扬，由此来说明使我们的生活显得很可怕的只是我们的信念。他坚持认为，流浪者的生活更幸福，没有文明生活那么复杂、那么焦虑。你什么都不用怕，因为你没有什么可失去的。流浪者的生活更独立，因为不需要遵守不成文的社会游戏规则，奉承有钱有势的人。当亚历山大大帝拜访住在木桶中的第欧根尼时，问他可以送他什么，第欧根尼回答说，"别挡住我的阳光就行了。"犬儒主义的生活更自由、更诚实。文明人不能不撒谎、掩饰，而对犬儒主义者来说，最开心的就是想说什么就说什么。犬儒主义者不需要保持文明的外表，他们以诘问和侮辱路人为乐。犬儒主义者的生活也更道德，因为它拒斥地位带来的外在好处和奢侈的生活，而拥抱苏格拉底式的内在真正的富足。爱比克泰德跟许多斯多葛派一样，敬佩犬儒主义者的生活方式。他的这段话可以当作占领运动的箴言："一个一无所有、赤身裸体、无家无灶、浑身污秽、没有奴隶、没有城邦的人怎么能过上安宁的生活？瞧，神给你送来了一个人，说明那真的是有可能的。看看我吧，我没有房子和城邦，没有财产和奴隶，我睡在地上，我没有妻小，没有令人抑郁的宫殿，只有大地、天空和一件破披风。但我缺什么？我不是摆脱了痛苦和恐惧吗？"

　　犬儒主义者是西方文化中出现的最早的无政府主义者。他们最早提出文明是不可救药的疾病，我们应该回到自然状态。

我们应该放弃城邦，变成宇宙的公民、自然的孩子。自然的孩子不需要国家的保护，因为他们是那么坚韧、顽强。如后来狄更斯所说："学会忍耐的人是那些把全世界称作兄弟的人。"转向犬儒主义者的生活可以很突然——这种转变被称作"通往美德的捷径"。有一天人们突然看着他们复杂、沉重的生活，想道：我到底在干什么？我们听说，放贷者的奴隶摩尼穆斯有一天决定，他受够了这份工作。摩尼穆斯像帕拉尼克的小说《搏击俱乐部》中的主人公一样，假装自己疯了，摆脱了他的工作。他把钱四处乱扔，直到他的主人给了他自由，他跟他的犬儒主义同道快乐地过着流浪的生活。

犬儒主义者虽然拒斥文明，却从未真正地离开它。相反，他们的生活像是一出出街头喜剧，处处显示着他们对文明生活的拒斥。第欧根尼的装扮跟他的教导一样有名——打着灯笼在街上"寻找诚实的人"，向一座雕塑要求"练习遭到拒绝"，朝路人撒尿，扔出一只鸡打断柏拉图的演说。他类似滑稽的本真生活方式使他在雅典很受喜爱，甚至成了一个景点——他死后雅典人给他立了雕像。在某种意义上，犬儒主义者并不是真正独立的，因为他需要观众。他也许把自己从公众的赞同中解放了出来，但是没有从对公众注意力的需要中解放出来（不那么追求注意力的斯多葛派也许避免了这种需要公众注意的危险）。作为对文明社会不满的政治反应，犬儒主义肯定是不够的。犬儒主义者没有废除政府的计划。实际上，他们继续靠政府为生，享受其法律的保护。

犬儒主义的演化

第欧根尼死后，犬儒主义分成了两股：文学犬儒主义和实践犬儒主义。在雅典和罗马，第欧根尼的一些学生不接受他激进的反社会的生活方式，但他们仍然继承了他的思想，努力通过讽刺去涂脏社会习俗的规则。毕竟，讽刺能撕掉文明的面具，揭露面具下面咧嘴笑着的羊。犬儒主义的讽刺作家，如梅尼普斯和卢西安，辛辣地讽刺同时代人的虚伪，这一传统在近代被乔纳森·斯威夫特等人继承了下来，斯威夫特说他讽刺英国社会的《一只桶的故事》是向第欧根尼的桶致敬。这种类型的犬儒主义今天仍在继续，如讽刺杂志《私家侦探》(Private Eye)，打着灯笼在现代政治中寻找诚实的人（如此说来，美国最大的私家侦探公司之一叫第欧根尼是很合适的）。这种犬儒主义者行使着重要的社会职能，揭露着文明外表之下的腐败。想想安然公司，曾努力让全世界相信它是一家完美的公司，直到其谎言被基金公司 Kynikos Associates 揭穿（该公司的希腊创办人吉姆·查诺斯说，公司的名字是受了第欧根尼的启发）。Kynikos Associates "涂脏了安然公司完美的面具"。我们越来越需要这样的犬儒主义者。

作为生活方式的犬儒主义也幸存了好几百年，以致在 2 世纪时卢西安曾抱怨说"街上爬满这些害虫"。有些学者认为，犬儒主义影响了早期基督教，可能也影响了耶稣本人。圣保罗的生活和著作也带有犬儒主义色彩，他说："直到如今，人还把我们看

作世界上的污秽，万物中的渣滓。"（或者像后来的犬儒主义者
《搏击俱乐部》中的泰勒·德登所说的那样，"我们成了世界上不
停唱歌跳舞的玩偶"。）你可以看到犬儒主义者的苦行对基督教使
徒的影响，他们跟第欧根尼不一样，真正离开了城市。还有后来
的阿西尼的圣弗朗西斯等反对资本主义的人，放弃他们的财富，
脱掉华服行乞。在启蒙运动时期，让-雅克·卢梭被称为一个发
疯的"像狗一样的第欧根尼的后裔"，他用非常犬儒主义的话语
斥责他的时代（他还喜欢向巴黎的路人暴露自己，这也很犬儒）。
他宣称，文明使我们成了公众意见可怜的奴隶。文明人"活在自
己之外，只活在他人的目光之中"。为了把自己从这种疏离中解
放出来，卢梭离开巴黎，住在乡下。但是这种犬儒主义的实验不
太管用：后来他烦恼地过着神经质的孤单生活，写了他的《忏悔
录》，向公众做冗长、偏执的自我辩解。跟第欧根尼一样，卢梭
越是宣称他独立于公众的意见，他好像越是渴望公众的注意。

　　在19世纪，亨利·戴维·梭罗宣布，他独立于美国社会，
在瓦尔登湖畔隐居了两年。他这样做是在有意模仿"古代哲学
家"，并且是出于对现代学院哲学的鄙视。他写道："如今有哲
学教授，但是没有哲学家……做一个哲学家不仅是要有微妙的
思想，甚至也不是要创建一个学派，而是如此热爱智慧，以致
要按照它的指示生活，过一种简单、独立、宽容、信任的生活。"
梭罗成功地证明了，一个人只需要做很少的工作、花很少的钱
就能养活自己。但他对文明的拒斥并没有使他深入荒野——他
最远只到了他的朋友爱默生的花园。

犬儒主义的再兴起

有一段时间，朴素的无政府主义对资本主义的批判因为马列主义的出现而黯然失色，但是随着对苏联模式的幻灭，犬儒主义又回归了。你可以在情境主义者的哲学、1968年巴黎的抗议运动上看到它的影响，1968年抗议运动的目标不是用共产主义国家取代资本主义国家，而是通过海报艺术和反讽涂鸦的运动宣扬其彻底废除政府的理念。你还可以在60和70年代的"雅皮士"（或者"青年国际党"）身上看到犬儒主义的影响，他们因"格鲁乔·马克思"的花招而声名狼藉，像是在纽约证券交易所朝地板上扔一卷卷的假钱引起混乱。你还可以在90年代的反资本主义活动中看到犬儒主义的反应，像"收回街道"，用恶作剧、胡言乱语、狂欢和街头演讲打破资本主义的梦想。艺术家班克斯是第欧根尼的现代后裔，他用街头艺术涂污消费资本主义的价值观。班克斯在他的一部作品中引用了第欧根尼的话，他还真的涂污货币，把戴安娜王妃的头像涂在10英镑纸币上。这类反资本主义的骚动在1999年西雅图抗议世界贸易组织时达到了顶点，反全球化运动在21世纪初逐渐平息，但过去几年里又强势回归了，这是受到了当前的金融和政治制度失灵的刺激。越来越多的人开始认识到，当前的制度受到了不正当的操控：私有银行留下他们的利润，同时希望纳税人偿付他们的损失。为了让私有银行免于破产，政府预算被大幅度削减，债务飞涨。世界上的所有政府好像都希望气候变化问题简

单地消失。面对这样的制度，住在帐篷中好像并不是很荒唐的
选择。

一个有趣的生存实验

2009 年，当全世界的政府努力但未能达成气候变化协议时，
我访问了气候营地，这是无政府主义者在伦敦南部成立的一个
组织。气候营地位于布莱克西斯草地的中央，是一个半径 150
米的圆，里面搭满了帐篷，周围有铁篱笆。你要穿过一道铁门，
门上挂着一条标语，上面写着"资本主义处于危机中"。脏皮士
们坐在标语下的草袋子上，像印度神庙外的驴子一样看着来客。
脏皮士们在看门，确保警察进不来。我进来时拿到的气候营地
的行动手册上说："不管你能提供什么，素食蛋糕还是三角桌，
请至防御中心，为我们的组织在未来能摆脱独裁统治尽一份力
量。"我走进左侧的接待帐篷，一位中年女士给我做了简短的介
绍。她告诉新加入的人各种参与方式：可以承担做饭的责任、
洗餐具的责任、安全责任（"巡视、检查帐篷的安全情况"）、拆
除责任（遗憾的是，是拆除帐篷，不是拆除政府），等等。

我像一个犬儒主义的记者一样问："你们想实现什么？"她
回答说："哦，不是你们，希望是我们。我们在伦敦，全球金融
体系的中心，因为我们反对这一体系。我们认为它糟透了。我
们不想去改革它，因为一旦我们开始辩论这一问题，我们就将

陷入论辩，而这会伤害我们的大脑。"她轻轻敲了一下她的头以说明这一点。"但是我们希望当前的体系……崩溃……消失。"她是一位指挥行动的老手。她曾经参与搭建和拆除金斯北帐篷，那次是抗议建设新的火力发电站。

气候营地对政府没能达成气候协议没有产生明显的影响，但它看上去是一个有趣的生存实验。毕竟，在伦敦郊外偏远的布莱克西斯草地运作一个"摆脱独裁的团体"不是一件简单的事。试想一下，运作一个没有边境和警察、人人都有发言权、公民身份不停变化的就在伦敦市中心的团体，而且周围都是噪音、车辆、污染、游客、醉汉、游手好闲之徒，还有大教堂的钟声……

无政府主义的局限

两年后，气候营地的组织者发起了"占领伦敦"运动。一天下午，在参观占领运动的营地时，我目睹了大会上一场激烈的辩论。前一天晚上，一位抗议者因为袭击另一位抗议者而被交给了警察。营地吸引了许多流浪汉，其中一些有精神、行为或吸毒问题，维持秩序很困难。占领者辩论该不该授权安全中心（负责维持营地成员安全的组织）把任何威胁其他成员身体或精神健康的人逐出营地。在辩论过程中，安全中心一位成员反对这一提议："不要赋予我们这样的权力，我们不想要这样的权力，那应该是团体的集体责任。"虽然他很担心，但提议通过了，大家一起做了爵士手势。一位抗议者说："我是同性恋少数群体，我们需要感到安全。"一个平头男喊道："我反对这一提议！"支持者说："你不能反对，我们已经进入了程序。"反对者说："我能！我想怎么做就怎么做。这里没有警察，所以我反对。"疲惫的支持者恶声恶气地说："已经通过了，让我们继续。"所以，通过投票，占领运动的团体无形中从无政府主义变成了不那么无政府主义。我瞥到了未来，一旦占领者夺过了英格兰的控制权，我们就会害怕半夜听到有人砸门以及喊叫声："开门！我们是安全中心！"

在营地帐篷里的城市大学，我被一个关于"承认你的情绪"的两小时培训课程给迷住了。授课人说："我希望你们结成对，分享你们的感受。"这让我想起地标论坛。BBC的纪录片制作人亚当·柯蒂斯指责地标的源头，即70年代的"人类潜能运动"扼杀了60年代的革命，因为它把60年代愤怒的抗议者变成了70年代平和的励志狂。然而，在占领运动的培训课上，我意识到，这两股潮流合二为一了：1968年的无政府主义，以及70年代的人类潜能运动。占领者上冥想课、幸福经济学、形体艺术和即兴表演课，个人跟政治联系在了一起。但也许占领运动太乌托邦了，以致政治被排在了不着边际的感情之后。一位占领者跟我分享说："我叫维纳斯，我发起了一个爱的全球运动。"说完她就哭了。她在营地里待了两个半星期，跟其他许多抗议者一样，她患上了严重的失眠症。

革命一直是激动人心的事件。柏拉图最早在《理想国》中使用了"私有化"一词，他用这个词来描述在自由资本主义时期的民主社会，人们的感情也被"私有化"了——我们不再会感受到集体情绪，除了在观看苏珊大妈在英国达人秀上演唱《我曾有梦》的时候。但柏拉图说，在革命之后，我们将像一个人一样思考和感受。他说得对：在革命期间，人们会获得短暂、令人陶醉的集体情绪体验的时刻——所有的人，像一个人一样思考和感受。华兹华斯在反思他年轻时游览革命时期的法国的经历时说：

哦！多么令人高兴的希望和快乐！
站在我们旁边的同道不计其数，
我们内心充满强烈的爱！
那天拂晓，活着感到无比幸福，
年轻犹如天堂！

革命在某种程度上，就是从官僚政治回归到更加原始的共同体情感。但在那之后，你的热情冷却，然后就回家了。或者你获得了权力……之后你要建立新的官僚机构、新的体制、新的规则去统治国家，但激情退去之后，不信任和憎恨又回来了。

我们能逃离社会，将一切抛诸脑后吗？

也许我们不需要拆除资本主义工业化体系——它好像正在很好地击败它自己。我们只需要支起帐篷，煮点儿茶，为必然的垮台做好准备。准备得最充分的人是尼尔·安塞尔。他在威尔士山上的一个农舍里住了5年，其间几乎不见其他人。他说："我觉得我把时间花在自己身上了。"尼尔在伦敦的西蒙社区住了几年后，决定住到山上去。西蒙社区按照严格的无政府主义原则为无家可归者运行。志愿者和无家可归者每周都只有7英镑的生活费，所有人一起吃饭，一起在地板上睡觉。尼尔说："那是一位天主教无政府主义者建立的，吸引了各种奇怪的人。这位坚定的无政府主义者旁边的人曾经是僧人。大部分人在这里住几个月的时间——我待了3年，最后负责那里的运营，无论什么时候，总是有50~100个无家可归者住在那里。"他说，跟浪漫的想象相反，流浪汉的生活并不逍遥。"大部分无家可归者过得都非常不开心。他们跟残酷的现实做斗争，通过吸毒来逃避现实。有一年，有20多个我认识的人死于海洛因。这种生活不安全——我认识的一个人因为欠人5英镑而被杀死了。"

之后尼尔四处旅行，5年中游览了50个国家。他搭便车、露宿街头、帮人干农活。最后他回到伦敦，跟二三十个人住在海格特墓地旁边的一个有十五间卧室的空房子里。"那里很混乱。你没法控制谁可以住进来，所以住进来的有吸毒的、酗酒的、反社会的。"住在那儿时，尼尔收到一位在西蒙社区里他曾

帮助过的女性的来信。她刚刚嫁给了一个人，那个人在威尔士
的庄园里有一个山间小屋，她把这个小屋送给尼尔住。"我觉得
我需要安静地待一段时间，体验在一个地方住是什么样子。过
去10年间，我一天也没独处过，我想看看我能不能做到。"尼
尔并没有真的放弃文明，因为他"总是游走在文明的边缘"。但
是他在威尔士隐居时确实过着简单的生活。他偶尔会有访客，
但是大部分时间就他一个。他感到孤独吗？他说：

　　"选择孤单跟孤独相反。我从没感到无聊，因为总有那么多
事情要做。用了好几年时间才把一切处理好、理顺，但我变得非
常自足，自己种菜，采浆果和蘑菇，自己酿接骨木花酒。不干活
的时候，我就什么都不想，几乎就像冥想的状态。内心的唠叨消
退了，我沉浸在周围的环境中。在那里的时候我记日记，随着岁
月的流逝，我从日记中消失，变成了自然日记。"

　　在山居岁月结束时，尼尔因为甲状腺感染而生了重病，他
的生活几乎无法自理。"这让我反思我对自己的自足能力的自
信。我意识到，这取决于健康和有没有家人等情况。"5年后，
尼尔离开木屋，结识了一个女孩，结婚并有了两个孩子。孩子
把他带回了文明世界，一家人搬到了布莱顿。他承认："在山上
养活一家人非常困难——冬天非常冷，身体受不了。"尼尔在
《大志》杂志找了一份工作，成了一位卧底记者，揭露腐败问题。
他说："这份工作全靠勇气，一定要有胆量，我能做。在荒野中

生活让我的注意力很集中，给了我内心的宁静，以及冒险的力量。"他的女儿现在一个14岁，一个9岁，尼尔全身心地照顾她们。"这是我在城里住的最长的一段时间。现在我为了其他两个人活着，这改变了我的思维方式。"

　　犬儒主义的方式也许太极端了，极难付诸实践。我们大部分人都希望有家庭，我们需要政府保护孩子、病人、老人和少数族裔。无政府不是一个实际的选择，虽然犬儒主义者教导我们不要以为文明的舒适是天经地义的，要训练自己为可能的崩溃做好准备。我们的下一位老师，柏拉图，对他那个时代的问题提出了不同的政治解决方案。他想知道，政府是不是必然是无法修补的，有没有可能对它加以改革和补救，如果哲学家掌权的话？

10

我们能建立一个完美社会吗？

　　亚历山大是一位 34 岁的柏拉图主义者，住在得克萨斯州的达拉斯。年轻时，亚历山大广泛地求索，努力寻找资本主义之外的信仰。他认为对他最有意义的是伊斯兰教，尤其是苏菲派。他听说也门有一所学校教阿拉伯语课，所以 20 多岁的时候，他辞掉工作，去了也门哈德拉毛山谷中的塔里木，入读了达尔·阿尔穆斯塔法（Dar al-Mustafa）宗教学校。这所学校在类似修道院的环境中教阿拉伯语以及伊斯兰教哲学。500 名学生，包括许多外国学生，在宿舍中一起住，一起吃，每天一起祈祷 5 次，一起学习伊斯兰教。亚历山大说："这成了每天的固定日程，成了你生活的一部分，以至于如果你错过了一次祈祷，你就会觉得不对劲。"塔里木是也门的宗教中心，但要比达拉斯穷，比达拉斯小。但亚历山大喜欢那个地方：

　　"道路没有铺砌过，房子是用泥和砖盖的，都紧挨着。那里非常简朴，显得很有灵修气氛。它不像美国的城市，如拉斯维加斯，大楼之间竞相争夺注意力、显得独特。整个环境很静穆，连塔里木不属于宗教团体的人都知道那里的人有着崇高的理想，在努力建立跟上帝更紧密的联系。他们努力获得一种精神体验，去创造接近神的狂喜时刻。"

亚历山大在那个社区住了近两年。但后来对伊斯兰教感到有些幻灭：

"我遇到了塔里木的其他穆斯林传统教派，他都声称自己代表真正的伊斯兰教正统。在我研究文献的时候，发现好像他们说的都不是真的。我失去了对伊斯兰教这种宗教的信仰和兴趣，而对伊斯兰教哲学的兴趣变得更浓厚了。它经常提到古代人，意指古希腊人，所以回到美国后，我开始读新柏拉图主义者的著作，他们给过伊斯兰教哲学许多启迪。我读普罗克鲁斯、普罗提诺，尤其是达马斯基奥斯的著作。由此我又想到读柏拉图本人的著作，我发现柏拉图本人的著作写得更好。新柏拉图主义者没有把握住柏拉图的反讽和游戏的精彩之处。他们在解释柏拉图时过于僵化——把他说的一切都当作直接事实。"

过去5年中，亚历山大把研究柏拉图当作他的灵修的基石。他说："大部分西方灵性的基础都是柏拉图。基督教、犹太教和伊斯兰教的神秘主义传统都深深地受惠于柏拉图。在我看来，柏拉图主义是一种看待事物的方式。它是一种欲望，一种把真理不只是看作事实，还看作是某种本质上善、美、有秩序的东西的渴望。柏拉图认为，你在宇宙中看到的所有的善、美和秩序都是永恒的善的表现。个人对那个善变得越透明，就变得越真实。所以，我日复一日地努力保持有那种善的想象。我在做每件事时，都努力带着尊敬去做。"现在，他在达拉斯做手术室的护士。他说，"我不仅把它看作谋生之道，还把它看作为了世界变得更好的努力。"

他承认，他在现代的美国会感到有些格格不入。他说："柏拉图的基本思想是，部分如何跟整体、跟绝对存在联系起来。在美国，人人都尽力变得独特，所以他们害怕为了集体而放弃自我。在柏拉图的理想国中，所有的建筑、所有的艺术、所有的公民，都会通过他们跟整体的关联而连在一起，协调起来。相反，美国的城市是不同风格的混杂，它缺乏共同的美。"比如拉斯维加斯的大道，一个巨大的罗马宫殿挨着一个埃菲尔铁塔的复制品，铁塔旁边是一个中世纪的城堡，城堡旁边是一座埃及金字塔。没有任何秩序感和整体感。一切都是私有的——连街道都是用赌场的名字命名的。没有市民利益、社会整体利益的意识。实际上，大道甚至不属于拉斯维加斯，它是一个被称作天堂的税收小岛。在天堂里怎么做都是允许的。亚历山大说："柏拉图写道，在民主社会，你所有的欲望和快感都有同样的发言权。那是一种欲望的无政府状态，没有善的等级秩序。柏拉图提出，我们应该建立一个把我们最高的渴望而不是最低的欲

望置于核心位置的社会。"在柏拉图看来，我们最高的渴望是，
或应该是对神的渴望。亚历山大说，一个围绕这一渴望建立的
群体会是一个神权政治，"不只是简单地遵从《理想国》中的说
法，而是每个灵魂都尽力去接近神，一直跟神在一起。"

　　亚历山大真的认为柏拉图哲学能够作为一个团体，甚至一
个国家的基础吗？他说："那会非常困难。柏拉图希望建立一个
哲学团体，但是他知道要实现它有多难。你要让人们抛弃财富
和权力值得拥有这种观念。你可以努力去建立一个类似基督教
会的机构，但是那需要为此降低标准，因为他们不懂哲学。你
看，一次次地，圣人建立了一个机构，然后就陷入困境。"毕竟，
柏拉图主义是一种非常高深的哲学。"你不能一下子理解柏拉
图。精英们的理念是，真理只对那些慢慢地使他们的心灵看见
整体、放弃他们以前的观念的人开放。大部分人从智力和情感
上都做不到把他们的想法拿出来讨论。"亚历山大没有努力去在
得克萨斯州的沙漠中建立一个柏拉图式的团体，而是抑制他的
雄心，建立了一个叫"北得克萨斯柏拉图主义者"的活动小组。
他说："有一些人参加。小组的主题是柏拉图主义的精神层面，
以及要求我们超越我们个体的思想，努力去理解整体。这对一
些接受过学院哲学训练、想掌握知识概念的人来说有些困难。
还有人担心，柏拉图会要求他们放弃他们的奢侈物品，在某种
程度上真是这样，但不是像修道院那样苦行。"

柏拉图，最后的萨满

在原始的人类社会，宗教和政治密不可分。在部落社会，首领负责属世事务，而巫师负责精神事务，萨满是（在一些文化中现在仍是）奇特的、超世俗的人。10多岁时，他或她将会被认为产生精神问题，这会导致他们被逐出他们的社会，直到他们开始成为萨满为止。成为萨满需要在此岸世界死掉，重生于精神世界。然后，萨满返回他们的世俗团体，在这个团体中但不属于它，就像部落和精神世界之间的大使。他们进入一种狂喜的恍惚状态，然后飞上登天的梯子游走于两个世界之间（西伯利亚的萨满就是这样描述的，其他文化中也有梯子的形象，如《创世记》中雅各的梯子）。萨满的社会和政治功能很明确——他们预言未来，给人治病，确保神灵在战争中给他们庇佑，给牧业和农业祈福，保护部落不受恶鬼和神的愤怒的侵害，当部落成员去世时，他们还要引领他们来世的灵魂。他们既是部落的巫师，又是部落的医生。

在2 500年前，宗教和政治延续一千年的关联被哲学的诞生给割裂了。正如我们所知，公元前6世纪和公元前5世纪希腊的理性主义哲学家开始挑战萨满对自然界的解释，提供了对月食、雷电、羊痫风等现象更加可信的理性解释。哲学家们挑战了存在一个赋予人类法律和风俗的精神王国这样一种观念。如果是这样的话，为什么每种文化都有它们自己的美德观念？有些大胆的哲学家提出，也许法律不是神宣布的，而是人类制定了它们。也许没有绝对的对和错，只有在特定的时刻对人类来说看上去是对的或错的。也许如公元前5世纪末的希腊哲学家普罗泰戈拉所说，"人是万物的尺度"。

这直接挑战了神职人员的权威。这意味着，试图去发现神的意志是没有意义的，更不用说献祭、向神职人员下跪以及那些巫术了。相反，在世俗的民主社会，重要的是人民的意志。他们是对与错真正的仲裁者。所以，如果你真的想学习某种有用的东西，你应该学习公共关系，学习如何搞清公众的情绪和念头，以及如何用修辞和演讲术操纵他们。在公元前5世纪末，雅典充满了哲学家或智者（可以翻译成兜售智慧的人），他们声称自己能够传授年轻人生活的艺术，他们指的是修辞和公共关系的艺术。他们认为，在民主社会，学习公共关系这种艺术真的非常有用，它可以让你为所欲为，这比努力接近神更有意义。谁还信神？所以，巫医逐渐被骗人的医生取代了。

苏格拉底一位年轻的学生柏拉图痛恨这场世俗的自由主义的变革。年轻时，柏拉图接触到了毕达哥拉斯的神秘主义哲学，这给他留下了深刻的印象。跟毕达哥拉斯一样，他相信，几何学、逻辑和音乐揭示了流动的物质现象背后永恒的真相，如果人类的理性受到了充分的启蒙和训练，就能够发现这种真相。柏拉图从他的另一位老师苏格拉底那里学到了辩证法这一技巧，即通过对话不懈地寻找自由、美、正义等道德词汇更好、更全面的定义。柏拉图提出，就像存在"2+2=4"这样的数学真理的纯粹王国一样，也肯定存在着一个真、美、正义等道德价值的纯粹王国，我们可以通过辩证进入这一王国。智者们试图否认这些绝对道德价值的存在，提出真、美、正义只不过是词语，其基础不过是公众的意见，所以寻找善就退化成了努力在名望比赛中赢得公众的喜爱。但柏拉图坚持认为，好的音乐不只是赢得"公众投票"的音乐。有些音乐当然真的比其他音乐好，有的艺术真的比其他艺术好，有的生活真的比其他生活好。如果是这样的话，哲学家的工作就不是像智者派和骗人的医生那样，去获得公众的赞同。哲学家的工作是努力去发现真实。

灵魂的提升

这不是枯燥的学术追求。对柏拉图来说，发现现实是整个人格必须经历的一场旅行。柏拉图对人类复杂的心理进行了非常细致深入的解释，它预见到了许多现代心理学理论。最重要的是，他提出，我们有不止一个自我，而是好几个自我。我们的心灵由几个相互竞争的系统组成，每个都有它自己的内容。他提出了一个三重结构——有理性、反思系统；活跃的、情绪化的系统；还有物质欲望的基本系统。你可以把它比作神经科学家保罗·麦克莱恩20世纪60年代提出的三位一体的大脑结构。麦克莱恩提出，人类有一个爬行动物的本能系统、一个哺乳动物的情绪系统，还有一个新哺乳动物的高级推理系统。柏拉图还是第一个提出我们有无意识的西方思想家，无意识在我们睡着时自由地表达其非法的欲望（比如跟父亲或母亲上床的欲望）。柏拉图认为，不同的政治制度会对我们的心灵产生不同的影响。自由资本主义社会具有柏拉图所说的"民主个性"，在那里，心灵的不同部分没有秩序或等级。一会儿是情绪系统掌权，一会儿又是理性系统掌权，接着我们又被我们的物质欲望控制了。在这种社会中，我们不是一个人，而是多个人——我们的消费文化鼓励我们满足我们的多个侧面。正如柏拉图所说，我们的个性就像处于内战中的社会，或者一艘没有船长的船，每个船员喊着朝向一个方向。这种心灵观把心灵看作相互竞争的冲动和不同系统之间的骚乱，现在它在神经科学王国非常流行——实际上，大卫·伊格曼写过一本书，叫《隐藏的自我》（Incognito），为柏拉图的观念辩护，认为我们的自我就像一个各个党派争夺控制权的国会。

但是，柏拉图坚持认为、神经科学家和认知心理学家们开始接受的是，我们可以训练我们的理性或新哺乳动物系统，使之凌驾于其他系统之上，去努力做出更加理性、智慧和长远的决定。简单来说，这就是要抵制抽烟或再吃一块布丁的冲动。柏拉图跟斯多葛派一样指出，每当我们用我们有意识的理性凌驾于我们的冲动之上，我们就强化了理性的规则。如果我们一辈子都在练习这种做法，我们慢慢地就能使相互竞争的系统融洽起来，就像和弦的音符（他从毕达哥拉斯那里得到的这种观念）。然后，我们不会像木偶一样被相互竞争的冲动四下扯动，而是成为"自己的主人"。我们变成了统一的自我，一个完整的人，而不是嘈杂的多个自我。变成完整的人需要某种萨满式的训练，既是肉体的也是精神的训练，因为生理的冲动必须加以缓和与调整。像柏拉图经常说的那样，必须像驯服烈马一样驯服身体。生理欲望会遮蔽我们的理性，阻止理性追求真理。只有在我们训练好身体、净化掉它对我们的理性的影响之后，我们的心灵才能不受阻碍地上升到神那里。就像萨满在此岸世界死掉，然后飞升到精神王国一样，哲学家们的理性冲出身体的监狱之后，也将飞升至纯粹的真理王国。

　　本来想成为剧作家的柏拉图赋予了西方文化对灵魂上升非常漂亮的描述。他说，哲学家长出翅膀，从现象世界飞向与绝对狂喜的结合。哲学其实是一种疯狂的爱（哲学的本意是爱智慧），灵魂想起它的精神家园，希望再次看到它。因为相思病，灵魂在地球上徘徊，绝望地想看见它的爱人智慧的面容。我们会爱上这个女孩或那个男孩，因为他们很漂亮，多少会令我们想起了神。但接着我们意识到，他们只是某种更高、更普遍的东西特殊的表现。所以哲学家慢慢地从特殊上升到整体，直到最后看到了绝对美的面孔，陷入狂喜。或者，在另一著名的神话中，哲学家"醒来"后意识到，现象世界只是幻象之洞，被他们当作现实的只是被投射到洞中墙壁上的木偶的影子。哲学家努力把他自己从这种幻象中解放出来，从洞中走到阳光下。这时，像《黑客帝国》中的尼奥一样，这位哲学家决定回到洞里，努力唤醒其他人，使他们意识到他们在看的是一场演出。但如果人们不想醒来怎么办？如果他们为哲学家挡住了他们的

视线而恼怒该怎么办？如果他们愤怒地要求哲学家坐下，甚至
开始嘲笑他该怎么办？

苏格拉底之死，社会对哲学家的排斥

　　这是柏拉图面对过的一个问题。萨满有着界定得很清楚的
社会和政治角色。他或她颇受尊敬，其权威在流传了上千年的
集体神话和仪式中是固定的。但是哲学家，作为文化人物，只
有大约一个世纪的历史（毕达哥拉斯是最早在公元前6世纪使
用这个称呼的人），仍受到深深的怀疑。柏拉图努力创造新的
神话，以巩固哲学家萨满这一新的角色。但是雅典人的民主社
会恼人地不愿意接受哲学家的权威，在他的更高智慧前卑躬屈
膝。实际上，哲学家经常遭到嘲笑而非尊敬。比如，苏格拉底
在阿里斯托芬的喜剧《云》中遭到嘲笑，苏格拉底的头飘在云
中。跟今天很相像，哲学家因为其苍白、不谙世故、结结巴巴
而受到嘲弄。他们喋喋不休地胡说八道，对政治事务一窍不通。
更糟糕的是，有些人还认为哲学家会对人产生腐化作用。在大
众的心目中，真正的哲学家萨满如柏拉图和苏格拉底，跟解构
传统道德又不提供替代品的智者派哲学家毫无区别。这一混淆
导致苏格拉底——被柏拉图称为"我认识的最好、最睿智的
人"——在公元前5世纪末因为渎神而被判死刑。
　　苏格拉底之死给柏拉图乃至整个西方文化造成了创伤。以

前萨满和首领在共生关系中同时存在，现在，哲学家萨满处于他的社会之外，鄙视它，不希望跟它有任何关系。苏格拉底在雅典的街头漫步，跟他的同胞作哲学对话，鼓励他们照料他们的灵魂。但在苏格拉底死后，柏拉图好像失去了对民主和他的同胞们的信仰。他写道，哲学"在普通人中间是不可能的"。哲学家们认识到民主国家的腐败，应该"安静地生活，洁身自好……他们认为世界充满不道德的行为，满足于使自己不受现世的恶行的玷污，最后愉快、镇静、充满希望地离开这个世界"。哲学变成了个人的心灵实现之旅，个人宣布独立于现代社会腐败的价值观。它变成了个人神秘主义，或完善自我修养的一种方式。

理想国，一个哲学家统治的完美社会

但柏拉图忍不住地想：哲学家掌权会怎样？他们迫使公众听他们的话、服从他们的命令会怎样？这是柏拉图最著名的对话录，可能也是西方哲学最著名的著作《理想国》中的想象。这本书宣称，"在哲学家成为国王，或者国王和统治者真正地成为哲学家之前，国家和人性的麻烦就不会终结。"接着柏拉图想象了一个哲学家统治的完美社会。《理想国》类比了个人和国家。它提出，任何社会都有三个主要的阶层，这对应着心灵的三个中心——知识分子，代表理性系统；士兵，代表激情或情绪系统；商人，代表生理欲望系统。就像在心灵中那样，每个阶层都有其主导动机：知识分子想得到真理，士兵想获得光荣，商人想要得到钱。就像个人的正义需要理性控制和调整心灵的其他系统，国家的正义需要知识分子或哲王控制和调整社会的其他阶层。每个阶层都应该尊重他们自己的功能，或者如柏拉图所说，"管好他们自己的事情"，这意味着只有哲王才能践行哲学，其他人都要服从命令，不得提问。

　　柏拉图想象的理想国中的哲学家和士兵从一出生，就要极端禁欲和接受严格的教育。柏拉图最重要的目标是社会精神方面的统一。他希望消灭士兵的自我意识，他们"我"和"我们"意识，以便使他们彻底认同整体。未来的士兵在大约5岁被政府从他们的父母那里带走，并且永远都不会知道他们的亲生父母是谁，以便使他们对特定的成年人没有私人依恋关系。他们在政府开设的寄宿学校长大，在学校中，他们生活的各个方面都被校长控制着。柏拉图说，这是理想国最重要的立场。校长控制着学生吃什么、如何锻炼、读什么书、听什么音乐。他们童年的各个方面都被国家控制着，因为他们遇到的一切都会在他们蜡一般柔软敏感的心灵上留下印痕。尤其要密切关注他们读的故事和听的音乐——柏拉图担心现代音乐和戏剧对雅典年轻人的毒害，以及雅典文化无休止的创新。他写道："不发生重大的政治和社会变革，就改变不了一个国家的音乐和文学。"因此，国家必须小心地操控和管制艺术，以便引导人们的激情迈向真和美。实际上，艺术或理想国的其他方面不需要革新，只要哲王保持跟现实的神圣形式的密切交流。年轻的士兵长大后，要学习哲学，学习绝对深层的秘密。当他们该繁衍后代的时候，国家要巧妙地让最优秀的男兵娶到最优秀的女兵，以便提高自己的阶层遗传方面的纯洁性，且任何在精神和身体方面有残疾的后代都要杀掉。

但为什么哲学家和士兵在获知了绝对的秘密之后，会在意地球上的生活？毕竟，在柏拉图看来，真正的哲学家不关心世俗事务，不关心自我、家人或国家，甚至生命本身。他们只关心绝对、神、宇宙整体。所以，怎么能说服他们归回尘世，去关心交通政策、城市的管道系统这类事情？柏拉图认为，也许有必要诉诸善意的谎言。他认为，要从小就告诉理想国的所有成员，他们是从理想国的土地里冒出来的，所以他们都是兄弟姐妹，理想国某种意义上是他们的母亲。他希望，这一"高贵的谎言"能够说服哲学家勉强愿意跟政府机构打交道，虽然他们真的只想终日沉思绝对。

很难弄清《理想国》有多严肃。在这一章中我写的是"柏拉图说"，而其实，柏拉图本人在他的所有对话中什么都没说。他只是创造了一种木偶戏，在戏中各种角色表达各种不同的意见。他的主要木偶苏格拉底，在柏拉图的著作中没有提供一套融贯的哲学，在不同对话中经常改变立场。我们很难说清柏拉图什么时候是真诚的，什么时候是在开玩笑。有时他好像是在开玩笑，如苏格拉底声称他证明了哲学家比僭主快乐729倍。柏拉图的哲学中有大量有意识的巧办法，甚至玩笑。典型的做法是，苏格拉底描述某种来生的令人难以置信的版本，包括会飞的哲学家、纯粹日光构成的宫殿。接着他又说"这只是故事"，或者"也许这类东西是真的"。也许这是为了防止我们在理解他的著作时太过僵化。要我们自己去追溯真理，而不是相信柏拉图的话。还有可能柏拉图是在从政治上保护他自己，以便有人控告他阴谋发动革命时，他可以辩解说"但这一切都只是愚蠢的故事"。这种游戏态度还表现在柏拉图是一位很现代的作者：他意识到自己是在为社会创作宗教神话，同时也指出神话的虚构性。

有些现代学者把柏拉图的《理想国》当作真的，批评有些人把它视为极权主义的模板。就像在20世纪的极权国家一样，在理想国里，私人生活被消灭了。国家对公民的再教育是全方位的，涉及他们的生活的各个方面。跟现代极权国家一样，我们会遇到把国家比作医生这一不幸的比喻，清洗政治身体的道德疾病，如果有必要的话，切除任何癌变部分。也许这种个人和国家之间的关系只是一种类比、一个比喻。但是比喻是危险的东西，它们可以切入现实，造成破坏。这一比喻的危险之处在于，正义的社会跟正义的个人有一个重要的差别。个人或宗教团体也许会选择使他们自己去经受严厉的禁欲训练，以获得精神智慧，这是他们的选择。但是一个巨大的、多元文化的社会不太可能做出这一选择，因为人们对于幸福生活有着不同的观点，这意味着一些知识分子会把人民置于最严厉的控制之下，训练人民"为了他们的好处"而控制自己的意志。从这一角度

来说,《理想国》让读者第一次看到了现代的革命知识分子有多
么吓人, 他们在塑造其完美社会时, 对怜悯的乞求充耳不闻。

柏拉图式社区的实验

我们可以认为柏拉图的乌托邦计划对整个国家来说是不切
实际的、危险的。但也许可以有较小规模的柏拉图式社区, 在
那里, 意见一致的成年人一起朝绝对努力。这是经济科学学校
（SES）背后的理念。这所英国律师利昂·麦克莱伦1937年建立
的学校, 今天仍规模庞大。这所学校豪华的总部位于伦敦的邦
德街旁边, 是一个位于牛津郡的大型乡村庄园, 叫沃特佩里庄
园。这所学校在英国各地还有18个中心, 在15个国家有附属
学校。经济科学学校在全球估计有大约2万名成员, 包括演员
休·杰克曼。麦克莱伦在温布尔登公园的湖边一次顿悟之后, 建
立了这个学校, 那时他意识到"存在着真理, 存在着正义, 它
们是可以找到、可以教授的。"他想"按照古代的方式"建一所
学校, 尤其是苏格拉底式的（虽然苏格拉底没有建过学校）。学
校晚上的课程将把好奇的心灵聚在一起, 学习人、社会和宇宙
背后的自然法——麦克莱伦相信柏拉图、《圣经》和莎士比亚
戏剧中揭示了这些自然法。20世纪50年代, 麦克莱伦遇到了印
度大师萨拉斯沃蒂, 深深地受到了他的启发, 因此学校的课程
融合了柏拉图和新柏拉图主义的神秘主义和东方的吠陀哲学。

既教冥想课，也有苏格拉底式的小组对话。但对话不像柏拉图最初苏格拉底式的对话那样，完全是开放式的。从不会质疑真理，或者永恒的精神王国的存在。其信仰的一条是，萨拉斯沃蒂跟神圣王国有着密切的接触——实际上，他被认为是俗世中最接近神的人，因此值得绝对地尊敬、信任和服从。麦克莱伦被认为是神之梯的第二阶，同样值得完全地尊敬和服从。怀着绝对的服从，学生们能发现彻底的自由。他们抛弃自我之后，就会发现他们真正的自我。跟一位在世印度大师的关系是这所学校发展的关键，因为其成员们跟柏拉图一样，想创立一种信仰体系。在某种程度上，他们可以依赖古代文本的权威，经济科学学校的成员们仍在翻译柏拉图和文艺复兴时期新柏拉图主义者马尔西利奥·费奇诺的著作。但是很久以前就去世的哲学家的话不像在世的大师的话那样鼓舞人心，在世的大师能在他们在黑暗中摸索前进时指引他们。

这所学校成立50年左右才引起人们的注意。直到20世纪80年代，英国媒体才开始对这个奇特的组织感到好奇。当时一些学院哲学家抱怨说，这所学校引人注目地广告的哲学课程，现在报纸上和地铁里还有，其实是虚假广告，因为那些课程并不是一般哲学的入门课，只是某种特定的宗教哲学的入门课。1984年，两位《标准晚报》的记者写了一篇报道，揭露所谓的"秘密教派"，批评他们看到的这所学校邪教般的思维方式，学校的成员只相互交好，排斥那些离开的人。成员们无异议地服从其领导者也被记者认为是邪教的表现。还有该校的"哲学礼

拜式"，学员们每周要在学校无偿地做许多个小时的杂务。"学
校优先，其他一切都在是次要的"的态度也被认为很危险——
因为"其他一切"甚至包括你的孩子。该校认为妇女是非理性
的、过于情绪化的，需要男性的理性的指导，而其他人认为这
种态度是一种倒退。该校甚至被指责努力渗透英国政治——经
济科学学校的一位高级成员罗杰·平凯姆是自由党 1979~1982
年间的主席。

　　该校校长伊恩·梅森对我说，该校被误解了。他说："我们
的理念不是为了消除自我而消除自我，而是让你保持跟你的自
我的联络，帮助你区分真实的和虚假的，去滋养和强大你的心
灵。但早年间可能对该校领导者的态度太没有异议了，人们接
受了麦克莱伦的说法，并且不动脑子地加以应用。"但公平地
说，如果柏拉图今天建立他的学园，或者伊壁鸠鲁建立他的学
园，他们也可能会被控为邪教。在我看来，哲学学校的模式有
两种。一种学校提供一系列不同的哲学，供学生考虑和反思，
并不要求学生真正要去信奉它们。这种自由主义的模式基本上
就是多数学校的模式所教的。另一种是建立一个跟古代概念更
接近的哲学学校，只教学生一种特殊的哲学、一种伦理生活方
式。他们要信奉这种哲学，并努力彻底地改变他们的自我。今
天最接近这种模式的便是经济科学学校，所以看看它的遭遇、
它犯了什么错会很有意思。

不情愿的柏拉图式士兵

该校在1975年为经济科学学校的成员建立了两所儿童学校。麦克莱伦建立这两所学校是受了《理想国》和柏拉图后期的著作《法律篇》中的例子的启发。柏拉图这两部著作都既是政治哲学著作，也是教育学专著。柏拉图好像认为，如果哲学家不能统治社会，退而求其次的便是建立学校，训练下一代领袖。哲学家萨满的高贵形象逐渐发展成了更加平凡的教师。麦克莱伦在伦敦中部建立了两所儿童学校：圣詹姆斯女校和圣维达斯特男校，两所学校都由经济科学学校的管理者和职员们管理。学生们的年龄在5~18岁之间，他们在这里学习该校的哲学。学生们要上冥想课、古希腊哲学、东方哲学、梵语、吠陀舞蹈、吠陀数学、莎士比亚、文艺复兴时代的艺术等课程。

从一开始孩子们就肩负着很高的期望，他们被期望成为未来的精神精英，受到完美训练的一代哲学家士兵，他们可以拯救西方文明。但是有些孩子不想成为哲学家士兵。他们憎恨被迫穿滑稽的制服，过不上其他伦敦孩子享受的正常生活。他们觉得被切断了与社会的联系。有些老师很优秀（女演员艾米丽·沃森的妈妈是一位很受尊敬的老师），但是有些老师，自己绝对地服从学校的等级秩序，对孩子们的不服从坚决打压。他们不是职业的老师，许多老师刚刚接触他们要教的东西，也许会感到要教的东西不对头。也许，像哲学家柏拉图一样，他们的目光紧紧盯着神，以至于他们丝毫也不怜悯俗世中不完美的人。不论原因是什么，有些老师把学生置于恐怖的统治之下。学生们被取笑、遭棒打、被拳头打脸和肚子，被扔出教室，被用板球砸或被用健身绳抽打。如果学生向他们的父母抱怨，他们通常都不会得到同情。父母们是属于同一个存在强烈的等级秩序的组织。2006年一份独立报告曝光了这些毒打，因为之前的学生在网上讲述了他们恐怖的遭遇。相关老师受到"正式警告"，不再在圣詹姆斯任职，虽然他们仍是经济科学学校的一部分。

圣詹姆斯学校现在显然被职业教师运作得好多了，吸引了一些布鲁克林格林有钱人家的孩子。今天，只有大约10%的孩子的父母跟经济科学学校有关，所以该校的精神哲学不可避免地被稀释了，慢慢地跟主流社会更加接近。但仍有许多人的生活被那10年间的无能和暴打给破坏了。该校过去的一些做法仍未受到足够的关注，如时而会把18岁以上的圣詹姆斯的女毕业生嫁给年龄更大的经济科学学校男子，甚至是嫁给该校的老师。比如，校长伊恩·梅森在圣詹姆斯教法律，就先后娶了两个圣詹姆斯以前的学生（第一次婚姻是麦克莱伦撮合的，未能长久，第二次婚姻好一些。梅森指出，他没教过这两位学生，她们嫁给他的时候都已经20多岁了）。经济科学学校目前的领导人唐纳德·兰姆也娶了该校以前的一位学生。甚至还有给18岁的女生和年纪更大的男性成员安排的两场舞会，一些人因此而成婚。梅森说："舞会是响应一些年轻女性的要求，她们希望有机会遇到经济科学学校合适的青年男子，这都是很纯洁的活动。我要强调，没有发生过强迫行为。"由此我们可以明白，该校鼓励内部通婚，以保存其反文化的价值观：许多宗教组织都这么做。然而，正如梅森承认的那样，"这有些怪怪的。"

我个人认为经济科学学校并非"秘密邪教"。它已经失去了它魅力超凡、独裁的领导人，它的成员在减少。对我帮助很大、很坦诚的伊恩·梅森承认，他的两个十多岁的女儿"对冥想毫无兴趣，并抱怨说只能结识其他经济科学学校成员的家庭"。经济科学学校在我看来是一项有趣的实验，是把东方和西方的古代哲学变成真正的团体和生活方式的有趣尝试。但是该校历史的一些方面也说明，这样的团体会因为献身于具有超凡魅力的领导者而变得教条化，因此，在把自己的哲学强加给自己的孩子时要非常谨慎。

下堂课，我们将结识普鲁塔克。他是一位老师，有意识地从他的学生中培养伟大领袖，让他们毕业后作为哲学家英雄去改造他们的社会。让我们看看他的理念对我们的时代是否更加可行。

11

平行人生：榜样的力量

路易斯·费兰特在皇后区长大，他家附近"每一片区域、每一个部分"都被街头帮派覆盖了。他记得："属于一个帮派是很正常的，不管是爱尔兰帮、意大利帮、黑人帮，还是西班牙人帮或亚洲人帮。"小时候他个子不高，但很结实，不喜欢上学，但擅长打架："在那个年纪，谁都会迷失、困惑，找一个帮派参加进去。我认同街头帮派，因为那是发泄过于旺盛的精力的一个出口。我们都以为自己是硬汉。"13岁时，他参加了一个叫"山地男孩"的帮派，他们在皇后区山出没。他说："我从使用拳头发展到使用棒球棍、刀子和枪。"他很快就开始了他在有组织犯罪领域的生涯。他说："最初我们只是瞎逛，试图靠砸开信箱拿信用卡挣点儿钱。但是有几个人开始了更严重的犯罪，例如绑架和武装抢劫。"他开始在匪徒的圈子中进进出出，以便引起他们的注意，他说："我的第一次重大抢劫是劫持了一辆装有价值10万美元的工具和工具箱的卡车。这引起了那些自大狂的注意。"

　　最后，路易斯开始给纽约甘比诺家族的头目约翰·乔托干活。他说："我帮约翰放高利贷，但我的主要工作是抢劫。我有一帮手下，我们干了很多次。比如，可能有个人欠匪徒15万美元，他说，'别打断我的腿，我在一家大型运输公司工作，他们有一个保险箱，里面有30万美元，都拿走吧。'然后匪徒会给我打电话，我来办这件事。"路易斯很享受这种生活："我们走进一家餐厅时，会得到最好的座位。这让我得意忘形——这么年轻就有了这样的地位。我觉得自己处于世界之巅。"这是乔托爱显摆的地方："其他头目更加隐蔽，而他总是显摆他的钱。他喜欢他的豪车、华服。我18岁的时候，我开着一辆新奔驰停在他和他的手下面前，他们只是说这车不错。"

　　1993年，22岁的路易斯被捕，被控一系列武装抢劫和信用卡欺诈等罪行。他被判入狱12年半，被送往看管最严的宾夕法尼亚州刘易斯堡的监狱。"这个地方处于雅利安人和黑人穆斯林发生冲突的地带。我到那里第一天，就发生了两起杀人案。"但即使是在刘易斯堡，帮派分子也会受到特殊对待：额外的香烟、葡萄酒、舒服的床垫，以及自己做饭的炉灶。但对路易斯来说，这种生活的魅力在消退。"我慢慢地对自己做的事情想得越来越多。是什么让我有权利用枪指着别人的头？"他还开始感觉不喜欢狱中其他的匪徒，"我们都是在匪帮的规则熏陶下长大的，那里告诉你只能在别人危害到你的家人时才能杀他，因为那是背叛。所以如果有人消失了，你从来不会问怎么了。现在，在监狱中，我遇到了许多被控谋杀罪的匪徒。十次有九次都跟钱有

关。可能只有7 000美元。我想，天哪，这些人是禽兽，因为钱
而杀人。我认为谁都不该因为哪怕是10亿美元而被杀死。我甚
至不想靠近他们。"以前，当路易斯站在约翰·乔托跟前时，就
像站在教皇面前。现在，在狱中跟他在一起，他看他就像看到
一个普通人。他说："就像看见没穿袍子的恺撒。乔托总是在
抱怨。我想，这哥儿们是在开玩笑吗？他还敢抱怨？我意识到，
我有罪，我那么干是错的。对此，大部分帮派分子都不理解。
如果他们说他们很抱歉，那肯定是为了被轻判。那是他们的父
母的错，或法官、FBI的错。我做过的最伟大的事情是认识到联
邦探员只是在履行他们的职责。"

　　他曾被投入"洞"中——孤独的禁闭牢房，食物通过门上
的一个小孔传进去。"那里的卫兵叫我野兽。我想，我真的像一
头野兽。我不能逛街，我吃的东西是通过门上的洞传进来的。"
走出禁闭室后，他开始读书。他说："以前，我从没读过书。我
上学时一直作弊，骗过来的。"但现在他开始读人物传记："我
读了马丁·吉尔伯特的《丘吉尔传》，我很喜欢这本书。我爱
上了阅读人物传记，读那些克服困难、越过一些障碍、建立了
丰功伟绩的人物的故事。他们也是人。丘吉尔不过是一个人，
跟我一样。你要明白，所有的因素可能都对你不利，但上帝像
创造丘吉尔、牛顿、爱因斯坦一样创造了你。"他受到了纳尔
逊·曼德拉的《漫漫自由路》的鼓舞："我服刑八年半（他的刑
期被缩短了），曼德拉被囚禁了20多年，就是为了解放他的国
家。他坐牢能坐3倍于我的时间，因为他有目标。他的经历让

我明白，对实现你的目标来说，暴力是没有用的。这对我来说真是一个教训，因为我总是倾向于用拳头来达到目的。"他尤其喜欢普鲁塔克的《希腊罗马名人传》："我喜欢他写的西塞罗等人物的故事，他们坚持自己的信念，并为之牺牲。"他是如此喜欢这本书，以致他把这本书从图书馆偷了出来，放在他的抽屉里。"我躺在铺位上想，我怎么能做出这种事来？感觉自己很卑劣，像是被一吨砖头砸到了。第二天，我把它还了回去，那是我最后一次犯罪。"他说。路易斯现在出狱了，出过一本书，在为文学而呐喊。他说："阅读真的改变了我的人生。它给了我道德指南，以及好好生活的欲望。"

你是你所模仿的那个人

路易斯可能没意识到，但他用的是一种叫模仿道德楷模的技巧，这是古代哲学治疗工具的一个重要部分。这一技巧背后的力量既简单，又非常复杂。其基础是我们是社会性动物，我们的许多道德行为源于观察和模仿他人。社会心理学家阿尔伯特·班杜拉称之为"学习榜样"。他写道："人类的大部分行为是通过观察榜样而学到的。通过观察他人，人们知道了如何表现出新行为。在后来的机会中，这种知识成了行动指南。"班杜拉在20世纪60年代初用他著名的"博博玩偶"实验说明了这一点：把一个孩子留在摆满玩具的房间里玩耍，一个大人在房间里的另一个角落玩博博玩偶，并攻击这个玩偶，打它，用锤子砸它，等等。然后大人离开，让这个孩子自己在房间里玩玩具。看到大人凶狠地打玩偶的孩子更有可能也去攻击玩偶，因此看到同性的成年人凶狠地打玩偶的孩子尤其可能自己也去模仿那样的行为。

这一实验后来被重复了许多次，比如播放成年人暴力视频，看这样会对孩子们的行为产生什么影响。实验表明，我们是强烈的社会性动物，我们的道德观深深地受到周围的人的影响。因此许多情绪和行为问题，从肥胖到孤独，都被近来的研究证明是会传染的。当我们的朋友孤独时，我们更有可能感到孤独；我们的朋友抽烟，我们就更有可能抽烟；我们的朋友肥胖，我们就更有可能肥胖。我们是我们认识的人。不仅如此，我们是我们模仿的人。我们都把别人当作模仿的对象，或把他人当作标准来衡量自己。比如刘易斯，很自然地模仿他的生长环境中占主导地位的人，他们刚好是帮派分子——这使他付出了沉重的代价。但这一过程不一定是无意识的、不假思索的。我们可以学会变得更有意识地选择我们要模仿的对象。古代人意识到了我们的行为源自对榜样的模仿，用榜样使人们走上正轨。他们记述圣哲和军事英雄的故事，使我们不仅听到他们的话，而且看到他们的人生，以便更好地模仿他们。这一技巧最著名的实践者是普鲁塔克，他是公元1世纪古希腊的哲学家、教士和历史学家，路易斯从监狱图书馆里偷的就是他写的《希腊罗马名人传》，之后路易斯良心发现，又把它放了回去。

"欧洲的老师"普鲁塔克

普鲁塔克大约公元46年出生于希腊皮奥夏地区喀罗尼亚镇的一个富裕家庭。20岁起，他在雅典学院学了3年哲学，然后周游了斯巴达、科林斯、埃及和罗马，并在罗马公开演讲柏拉图主义哲学。回到喀罗尼亚后，他被任命为德尔菲神庙的神职人员。他建立了他自己的学院，学生中包括他的侄子塞克斯塔斯，后来成为马可·奥勒留的哲学老师。有学者评论说，普鲁塔克"几百年来都是欧洲的老师"，这话说得很准确，因为他拥有教育家的天才。他深入思考过如何培养年轻人的性格，几百年来他的方法一直是西方教育的核心。

普鲁塔克反对斯多葛派我们要努力彻底地根除我们身上的激情这一信条。他追随柏拉图，认为根除我们的激情"既不可能也没有好处"。相反，我们应该努力"使激情处于适当的范围内，把它们降低到有益的水平，引导它们服务于好的目标；由此产生美德……这个美德也包括听话的激情。"在教育方面，我们的工作是通过向年轻人灌输好习惯而引导他们的激情"服务于好的目标"。他写道："性格即长期坚持的习惯。"我们都是理性、激情和习惯的结合体——但幸亏我们大部分人都能用理性自由地改变习惯。对年轻人来说尤其如此，"因为年轻人容易受影响、可塑性强，这样的心灵仍很幼稚，更容易接受教导。"

教育最重要的部分是引导孩子们的激情去竞争，这意味着要有赶上甚至超越他人的雄心。如阿尔伯特·班杜拉的"博博玩偶"实验所示，孩子们会观看、模仿，不断地从环境中吸取教训。他们为自己树立榜样或标准，然后用这样的标准衡量自己，超越这些标准。这是一种天生的动物性激情，斯多葛派致力于消除它们，但是普鲁塔克说我们必须转而引导它们为好的目的服务。孩子们主要的模仿对象是他们的父母——对儿子来说，尤其是他们的父亲。因此，普鲁塔克说，父亲们应该"使自己成为他们的孩子显而易见的榜样，尤其不能行为不端，该怎样就要怎样，因为孩子们把他们的父亲的人生当作一面镜子，这会防止他们说脏话、干坏事。"不幸的是，有时父亲会给他的儿子树立一个很坏的榜样，制造出一种通奸、饮酒、暴力、违法或夜不归宿的模式。今天，1/3的美国孩子没有亲生父亲的陪伴，1/4的孩子成长于单身母亲家庭。这给单身母亲和她们的孩子带来了巨大的经济压力和情感负担。对孩子们来说，这意味着他们更有可能产生情绪和行为问题，比如离家出走，最终入狱。他们得不到父亲的情感和财力支持——他们还得不到可以去模仿的模式。

平行的人生

虽然我们不能选择自己的父母，或我们在成长中遇到的人，但我们可以选择自己的模范。我们可以从我们的生活、从文学和历史中了解伟人，然后努力达到他们确立的标准。为此，普鲁塔克完成了一部巨著:《希腊罗马名人传》。他在书中描绘了古希腊和古罗马的46位伟大军事家和政治家,总是把一个希腊英雄和一个罗马英雄并列在一起,以便对他们进行对比,同时鼓励读者同样地按照以前的英雄来衡量自己。这部书生动地描绘了亚历山大大帝、西塞罗、布鲁图、伯里克利、庞培等人,并有着历史著作中最灿烂的片断,如刺杀恺撒、安东尼和克娄巴特拉之间的浪漫故事、小加图的自杀。他这部书启发了莎士比亚创作罗马题材戏剧,有着艺术家的宏大场景意识,以及记者揭示细节的眼光。但他的主要目标是道德方面的,他希望创造一些善的和恶的榜样供年轻人思考。他写道:"我们心灵的目光应该专注于凭借本身的魅力能将我们的心灵引向完善境界的事物。这样的事物存在于良好的德行之中,在研究它的人的心灵中,能够激发模仿它的极大热情。"

普鲁塔克在他传记中的人物身上看到了模仿的力量。比如,亚历山大大帝就沉迷于模仿阿喀琉斯,并跟他竞争。他把阿喀琉斯的箴言写在帐篷上——"永远做第一,远超其他人。"——还拜访了阿喀琉斯位于特洛伊的墓地。尤里乌斯·恺撒沉迷于模仿亚历山大的人生。恺撒在年轻时读亚历山大传时,哭了起来。他的朋友问怎么了,他回答说:"当我想到亚历山大像我这么大的时候就征服了那么多国家,我至今还没做过令人难忘的事,难道我不该哭吗?"马基雅维利深深地受到了普鲁塔克的影响,认为有意识地模仿古人是统治者教育的关键部分。他写道:

"为了练习智力，君王要读历史书，研究伟大人物的行动，看看他们在战争中是怎样做的，拷问他们胜利与失败的原因，以便避免重蹈覆辙。最重要的是他应当像过去那些伟大人物那样做。他们要选择某一个受到赞美和尊崇的前人作为榜样，并且经常把他们的成就和行为方式铭记心头。据说，亚历山大大帝就是在效法阿喀琉斯，恺撒在效法亚历山大，西庇阿在效法居鲁士。"

普鲁塔克意识到了年轻人模仿和超越前人功绩的欲望，并努力把这种欲望引向好的方向。所以，他在描绘人物时，引导我们去观看那些展示了经典的苏格拉底式自控美德的英雄。他敬佩亚历山大大帝在性问题方面的自控。据说，亚历山大从未碰过从波斯国王大流士那里俘获的妇女，包括"皇室中最漂亮的女性"、大流士的妻子。这也许是因为亚历山大是一个同性恋者，但是普鲁塔克坚持认为，亚历山大控制他自己，是因为他"认为做自己的主人比征服敌人更像国王的做派"。相反，罗马将军马克·安东尼因为没有控制住他对埃及女皇克娄巴特拉的激情，令他自己和罗马蒙羞。克娄巴特拉从亚克兴战役逃跑时，安东尼忍不住，像奴隶一样跟着她，"全世界都知道，安东尼不会受到指挥官的情绪的影响，也不会受到一个勇士的影响，甚至不会被自己左右，但是他被一个女人牵着走，就好像他跟她融为了一体，她去哪儿他就必须得跟到哪儿。"

普鲁塔克还敬佩那些能够控制自己的怒火的人。如果你从政的话，人们就会攻击你，因此他建议你最好不要心怀不满，因为那样你的治国本领就会被个人偏见而非国家利益左右，比如戈登·布朗和托尼·布莱尔，他们的个人偏见最终伤害到了国家的治理。英国副首相尼克·克莱格从媒体宠儿变成了公众的箭靶子，对此他好像很震惊。可这就是政治。伟大的斯巴达政治家莱克格斯的改革激怒了斯巴达的富人，他遭到一伙暴徒的袭击，一个年轻人打瞎了他的一只眼睛。莱克格斯并没有报复，而是把这个男孩带到他宫廷里，让他做自己的学生。这个男孩"后来成了他忠心的追随者，对他的朋友说，这个人既不严厉也不自私，而是最温和、最安静的人。"

也许统治者必须学会去控制的最重要的激情是对声誉和名望的激情。在这方面，普鲁塔克的立场有些危险，因为《希腊罗马名人传》的目的就是激励年轻人变得勇敢，去模仿伟人。但对名声和荣誉的追逐，如果不加控制，会对国家造成很大的危害。阿尔西比亚德斯是一位勇敢的将军，是战争天才，但光荣压倒一切的信念导致他"点燃了雅典人对鲁莽的军事冒险的渴望"。相反，伯里克利就能正确看待名气和声望，所以他更能遏制公众的情绪冲动，而不会被公众的情绪左右。这是统治者的关键角色之一——就像他或她必须控制他们自己的激情一样，他们也必须能够用演说控制和引导公众汹涌的激情，就像一位船长控制一艘船穿过风暴。想想丘吉尔，他在"二战"之前和之中如何引导英国公众既不过于得意，又不过于绝望。他的传记作者马丁·吉尔伯特说，他的演讲术有"两大支柱"：现实主义和远见。

　　在所有这些东西中，统治者最需要的是哲学。他们需要像普鲁塔克笔下的那些英雄那样，从小就接受有经验的教师的哲学教育——阿尔西比亚德斯的老师是苏格拉底，伯里克利的老师是阿那克萨哥拉，亚历山大的老师是亚里士多德。普鲁塔克说，哲学赋予统治者统治所需的"装备"：修辞学、历史、治国术，尤其是管理自己和过幸福生活的知识。优秀的统治者需要优秀的品格，但他们还需要一些好运。在这个问题上，普鲁塔克区分了用品格能够实现的东西，以及单纯运气造成的结果。斯多葛派不管幸运还是不幸运都是道德的，但是普鲁塔克式的英雄，处于动荡的地缘政治世界，需要的不只是有道德。他们还需要运气好，为了在恰当的时间果断地行动，他们还要能够正确地判断形势。有时，在政治上，这可能意味着做不道德的事——如作为权宜之计的婚姻、贿赂，甚至谋杀（普鲁塔克的思想有权力政治的一面，这对马基雅维利来说很有吸引力）。但是普鲁塔克好像相信，哲学理想和地缘政治下的现实世界并不冲突。他说，亚历山大大帝可能是有史以来最伟大的哲学家，因为他的军队在全世界一半的地方传播古希腊哲学，虽然他们用的是剑。普鲁塔克给他的社会提出的政治解决方案就是，让哲学家教育军事精英和政治人物，他们会通过他们的品格的力量改变他们的社会。他指出，不需要发动一场革命，你只需要合适的人在合适的时间出现在合适的地方。

英雄主义和英雄崇拜

几百年来，普鲁塔克的英雄崇拜在西方文明世界很有影响，早期的基督徒谴责他表现出了异教徒的骄傲和自负。但他们虽然谴责他，照样援引普鲁塔克的心理学，创造他们自己的榜样，即圣人的人生。他们还用故事、木雕、挂毯和彩色玻璃窗把圣人的故事传遍了他们的文化。中世纪文化中充满了对英勇的骑士艺术化、文学化的描绘，牧师们努力用骑士的浪漫故事教化年轻的统治者。文艺复兴时期的人沉迷于古典世界的英雄，努力在他们的年代重建古典的英雄理想。比如，乔尔乔·瓦萨里写了《艺苑名人传》，以鼓励意大利艺术家去模仿，还设计了佛罗伦萨的乌菲兹美术馆，供游人接受古典艺术的熏陶。浪漫主义时期也出现了英雄崇拜的复兴，这体现在爱默生、卡莱尔、尼采等的著作上，以及拜伦、拿破仑等人物身上。尤其是卡莱尔，认为当时英雄崇拜某种程度上取代了基督教，把现代社会黏合到一起。但是在"二战"后的现代文化中，英雄崇拜开始消退。今天，我们几乎把拿破仑那样的军事冒险家视为战争罪犯，卡莱尔的英雄崇拜观念也似乎像是法西斯主义。那么，普鲁塔克的英雄观在现代生活和现代政治中还有意义吗？

为了找到这个问题的答案，我采访了罗里·斯图尔特，现代政治中有意识地以普鲁塔克的思想指导自己的人生的人已经很少了，他是其中之一，38岁的他已经取得了《纽约时报》所说的"有史以来最杰出的人生"。在牛津大学读书时，他是威廉王子和哈里王子的业余老师；后来他在东帝汶和蒙特内格罗的外事办公室工作；25 岁时，他创下了穿越亚洲 6 000 公里的纪录，其中最后一段是穿越塔利班控制的阿富汗地区；28 岁时，他成了伊拉克两个被占领省的副省长。他把自己的经历写成了两部畅销书，电影的改编权已经被布拉德·皮特买下。之后，他回到阿富汗，创办了艺术学校，2009 年回到英国，成了议员。我给他发电子邮件，问能不能采访他，谈谈普鲁塔克——他一定是唯一一个答应这种奇怪要求的议员。

　　2011 年 7 月一个下雨的上午，我们在罗里位于威斯敏斯特的办公室见面，我一开始问他，他第一次为古代军事英雄的故事而着迷是什么时候。他说"应该是非常小的时候"，他的父亲，军情六处的一位高级官员，"在我 5 岁时，努力教我古希腊的故事，花了许多时间在婴儿室的地板上用塑料士兵模型摆出古代的战场。"6 岁时，罗里用亚历山大大帝的名字给他的玩具马命名。普鲁塔克在写到亚历山大时说，亚历山大好像因为"要跟死去的人竞争而感到烦恼"，对小罗里来说好像也是这样。他说："我总是对过去的人取得成就时的年龄很感兴趣。我经常把书往回翻到开头，提醒自己他们是什么时候出生的，比如，如果我发现约翰·斯图尔特·密尔 11 岁时已经写了两部书，我也 11 岁，我就会很焦虑。所以存在着跟死去的人的竞争。"对古代英雄和现代英雄们的模仿（他尤其受到了阿拉伯的劳伦斯的鼓舞）激发他去做伟大的事情，干出徒步穿越阿富汗，或年纪轻轻地就当上伊拉克两个省的副省长那样的事情。但他越来越意识到，在现代世界，普鲁塔克式的英雄有些无政府主义，甚至荒谬：

> "古代世界的伟人需要一帮受众，认为他们很伟大。没有这样的受众，他们就很荒谬。所有古代世界的英雄踏在伟大和荒谬之间非常非常细的线上。古代的英雄从本性上说是幻想狂、好自夸，总是会夸大自己。他们努力像神那样行事，并且相信他们真的拥有神奇的力量。"

他认为，最后一批这样不被视为荒谬甚至病态的人，是T·E·劳伦斯、丘吉尔、萨克里顿和司各特那一代人，换言之，是大英帝国的最后一代英雄。大英帝国给了那一代人一个展现普鲁塔克式自我理想的园地。罗里说：

> "无疑，18世纪晚期向前，英国的印度殖民地成了一个年轻人逃离工业革命、实现穿着金光闪闪的铠甲的骑士梦想的地方，但这些人回到英国后发现很难适应。维多利亚时期的人会为这样的人感到兴奋，会为他们立传，给他们画像。但却是他们回国后，总是会不被信任，受到当局的蔑视。"

第二次世界大战和大英帝国衰落之后，已经没有这种宏大的自我观的舞台了。罗里对迈克尔·富特和伊诺克·鲍威尔的生平着迷，这两位战后的政治家都有"一种宏大的古典自我概念"，很把自己当回事。但是罗里对我说，这两个人"最终在现代世界显得很荒唐"。在一个没有帝国的世界，我们不再尊敬军事价值和战斗英雄，我们甚至怀疑那些像恺撒和亚历山大一样"有意准备当英雄"的人。罗里指出，我们更喜欢偶然产生的英雄。古老的普鲁塔克式英雄理想仍然存在着，但却是"以一种简单化的形式，大部分被赶出了日常生活，被赶上了大屏幕"。因此，当《角斗士》中的英雄马克西默斯宣称"我们此生的行为会永远回响着"时，当代美国人也许会感到兴奋。但这样的人只存在于小说中，在电影屏幕上被扩大到了极为荒谬的程度。罗里痛心地说："你可能会在想象中把自己跟古代的英雄比较，但你们怎能跟银河间的超级英雄如绿巨人一决高下？"

罗里无疑意识到了现代对自我夸大的古代英雄的批评直接指向了他，有些人在想，他能不能成功地融入乏味的威斯敏斯特政治中。当我问他回国后感觉如何时，他沉默了很久。但是他坚持认为，他最终已经把他自己从普鲁塔克式的英雄崇拜的诱惑中"解放"了出来。他说，当他穿越阿富汗时，这种崇拜已经被他摆脱了。他在伊拉克当副省长的经历也改变了他。"我有着如此惊人的权力，相当高的预算权力，听命于我的军事力量……但我一无所成。那种权力是很空洞的。你发布命令，但是你离现实太远了，以致什么都没发生，或即使发生了也不是因为你。"相比之下，他说他一生中最令他感到满足的经历是在阿富汗建立艺术学校，"那是一个很小的项目，只覆盖了喀布尔的两三个街区，但是我在现场，我可以发挥影响，我可以建立关系，可以看到事情在进展。那具体多了。但显然，建立一个艺术学校并不符合古代的英雄模版。"也许他只是成熟了，过了英雄崇拜的阶段。他说："亚历山大33岁就死了，这并非偶然，雪莱和拜伦也都30来岁就死了。浪漫主义的自我概念可以说是推迟的青春期。它在现实世界不可能无限地延续下去。"

今天，在现代人眼中，古代伟大的战斗英雄跟战争罪犯差不多。20世纪的历史学家证明，没有所谓"伟大的历史人物"，只有在经济力量和运气支撑下产生的虚荣的傀儡。最近，情境心理学家如菲利普·津巴多让我们相信，没有所谓好人和坏人，因为我们的行为依赖于我们所处的环境。1971年，津巴多用一个著名的斯坦福监狱实验说明了这一点。他招了24个正常、健康的男性志愿者，让其中12个做警卫，另外12个做犯人，给他们穿上制服，然后把他们关在斯坦福大学乔丹会堂地下室的模拟监狱。他和他的同事们努力把这一实验做得尽可能地逼真，看志愿者如何在情境中做出反应。实验本来计划开展两周，但几天后就被迫终止，因为扮演警卫的人变成了虐待狂，以致有几个犯人情绪崩溃了。他们在环境中迷失了自己，哪怕是在斯坦福校园的中心。这一实验好像颠覆了普鲁塔克的品格观，显示出我们是什么人依赖于我们所处的情境。

但有趣的是，津巴多近来好像更接近普鲁塔克的思想了：我们的品格可以通过阅读和模仿伟人的生活而得到加强。2010年，津巴多启动了一个新的冒险计划，叫"英雄主义想象计划"，努力给年轻人灌输英雄主义的行为习惯，包括用捍卫正义的平凡英雄的故事渗透他们的思想。也许我们可以说，有些历史人物是真正的英雄，纳尔逊·曼德拉很英勇，还有欧内斯特·萨克里顿和昂山素季。阅读这些人的传记是有价值的，因为哪怕我们永远都不能像萨克里顿那样勇敢，像丘吉尔那样有远见卓识，像曼德拉那样坚忍，我们仍然可以强烈地希望变得更像这样英雄。没有这样的愿望，我们就会沉迷于琐碎的事情，沉迷于追名逐利（如现代普鲁塔克皮尔斯·摩根著名的节目《人生故事》呈现的都是凯蒂·普莱斯、彼得·安德烈之类的英雄人物）。我们看到什么人就是什么人。人类必然是社会性动物，我们会情不自禁地模仿和试图超越我们身边的人。但是这一过程不一定就完全是无意识的、不由自主的。我们在某种程度上可以有意识地选择我们模仿的榜样，努力做到最好，而不是最差。

12

在共同的生活中实现幸福

在本书即将完成时，我决定要我从书桌前站起来，活动一下腿脚。5月的一个早上，我出发了，沿着圣迭戈之路行走，这是古老的中世纪朝圣路线，人们最常走的路线法兰西之路从西班牙北部延伸至圣迭戈-德孔波斯特拉，全程780公里。朝圣以前是基督教合一的表现：通过朝圣欧洲信众确立了他们的身份认同，在圣迭戈找到了共同目标。如今，欧盟把这条路转变为欧洲文化、经济和财政统一的象征——虽然在我穿越西班牙时，欧元区好像即将崩溃。今天，没几个朝圣者像中世纪的人相信的那样认为走朝圣之路能代表他们经历了炼狱，但是对有些人来说，走朝圣之路仍是一种严肃的宗教献身活动。我遇到了一位热情的英国年轻人亚瑟，他刚刚皈依了天主教，他的眼中燃烧着惊人的热情。他把他自己描述为一个职业朝圣者。有一天，他在累垮并在野外入睡之前走了80公里。我问他抵达圣迭戈后他会干什么，他说："我想踏上另一次朝圣之旅，一次真正的朝圣。"

有不少朝圣者是受了保罗·科埃略《朝圣》一书的启发。他们以模糊的"新时代"的观念认为，当他们踏上正确的道路时，宇宙会给他们发出启示。一位朝圣者对我说："我差点儿错过了我的航班，但是当我改了航班后，我的背包是第一个出现在行李传送带上的。那时我知道我选择来这里是对的。其他人踏上这条路的原因没有这么带有宗教性质。来自威尔士的白人女子詹妮靠出售性用品为生，她来这里是为了跟她的男朋友一起找乐子。他们不停地离开道路跑进丛林做爱。还有人希望走一个月，思考一下他们的人生，例如德国女士安娜，她在决定是否要维持她的婚姻（她决定不这样做）。还有像胖乎乎的厄瓜多尔人阿尔贝塔，她母亲送他来这条路上找一个媳妇。我不是在寻找救赎或一个妻子，但在行走中间，我爱上了得克萨斯经济学家克劳迪娅，她也不知道她为什么要朝圣，我们一起行走。虽然朝圣者来自不同的国家、年龄各异、职业和信仰各异，但一个月来，我们因为共同的生活方式而团结了起来。每天早上，朝圣者在6点醒来，吃早饭，背上背包，开始往西走。我们一起吃饭，一起走路，分享故事，忍受对方的呼噜声。我们也许丢失了中世纪基督教世界共同的价值观或共同的美好的人生目标，但是一个月间，我们拥有共同的地理上的目标，路边的树木和房屋上画的黄色箭头指向的方向。

开始朝圣时，我很像一个斯多葛派，头几天一边大步前进一边听我的iPad，看我一天能走多少公里。这种情况并没有持续多久。我的脚走不动了，我感到孤独，与世隔绝，开始想我

为什么要让自己经受这种孤独的折磨。到朝圣结束时，我改变
了我的看法，因为我得到了其他朝圣者的许多帮助（也许还因
为我恋爱了）。朝圣会令你容易受伤，令你容易受到他人的摆布。
你学会了接受别人的帮助，接受你自己的依赖性。我意识到在
古希腊哲学中经常提到的自立对幸福生活来说是不够的。我们
不是，也不应该努力成为不可战胜的斯多葛派超人，安全孤独
地待在我们的孤单城堡中。我们相互需要。我们要承认这种需
求，并拥抱这种需求。在现代自由社会，我们几百年来一直在
努力把个人跟教会、国家和社群的干涉隔开，我们赢得了我们
的个体自由和隐私，但付出的代价是可怕的孤独。我们高度强
调自由、私有、自律的个人。如果我们受伤了，我们的伤不为
他人所知。朝圣通过显而易见的人与人之间的相互需要打破了
这种自由主义的人与人之间的隔绝状态。哪些人遭受痛苦和需
要帮助是显而易见的：往往是较年轻的朝圣者，那些你以为身
体很强壮的人，最后需要 60 来岁的朝圣者去帮助他们。我们必
须相互照顾，分享感冒药，交流对付肌腱炎的秘诀，相互照料
伤口，尤其是听对方的故事，由此来相互激励。

亚里士多德与美好人生

　　一路上我一直伴随着亚里士多德。或者说，我带着他的
《尼各马可伦理学》，这是他写给他儿子尼各马可的一本书。我

一直以为亚里士多德是一个无趣的百科全书编纂者、一个分类者、街头哲学的敌人。但是在路上，我才意识到这种观点有多么错误，原来亚里士多德能提供那么多东西。他公元前384年出生于希腊北部沿海的斯塔伊拉，他父亲是马其顿国王阿明塔斯的私人医生。18岁时，他被送往雅典，在柏拉图的学园学习。亚里士多德后来成为柏拉图最著名的学生，以及柏拉图最主要的批评者。他在学园学习了20年，在柏拉图去世后离开了雅典，接着游遍了希腊和小亚细亚，然后在马其顿国王腓力二世的邀请下，成了腓力的儿子亚历山大大帝的老师。亚里士多德鼓励亚历山大军事远征，建议他做"希腊人的领袖和野蛮人的暴君"（种族主义是亚里士多德最不吸引人的地方，他认为有些人天生就是奴隶，还认为妇女和孩子理解不了哲学）。最后他离开马其顿，回到雅典，在那里建立了他自己的学园吕克昂学园（Lyceum），之所以叫这个名字是因为它是建在一个献给阿波罗的果园里的。亚里士多德在那里教了12年书，在亚历山大去世时再次离开雅典，于公元前322年去世。

在拉斐尔的《雅典学院》中，柏拉图和亚里士多德站在学校中央，柏拉图指向天空，亚里士多德指向大地。这被解释为表示这两位伟大哲学家不同的思维方式：柏拉图对人世或物质的东西不感兴趣，但对神圣和抽象的东西感兴趣。相反，亚里士多德更像一位科学家，迷恋地球上的事物如何运行。根据皇家学院教授阿曼德·洛里的说法，亚里士多德是有史以来最伟大的生物学家。他最快乐的时候是在希腊闲逛的时候，寻找章鱼或乌贼加以研究。据说他让亚历山大大帝把他在全球各地行军途中遇到的有趣的物种的样品送给他。亚里士多德惊人地博学多闻，在生物学、逻辑学和文学批评等领域都写过最权威的著作。柏拉图是一位更优秀的作家，但也许除了莎士比亚之外，再也没有像亚里士多德那样智识如此广博的人了。他创造了一套囊括了整个宇宙万物的哲学体系，从生物学到心理学、文学、伦理学、政治学和天体物理学无所不包。几百年来，通过天主教会，这套哲学成了中世纪天主教世界的基础。只有卡尔·马克思的哲学有如此广的范围和历史影响力——马克思主义哲学虽然也是"总体哲学"，但是包含的主题内容要窄得多。

亚里士多德最著名的著作《尼各马可伦理学》和《政治学》为我们提供了对人类心理学、伦理学和政治学的权威观点。亚里士多德把他的伦理学放在关于人性的生物学理论的基础上，他提出，我们的心理既有理性成分，也有非理性成分，它还是社会的、政治的和精神的。幸福的生活是满足这一本性并引导它走向幸福和充分实现其目的的生活。他的观点是目的论的：一切都是为了一个目的而设计的，实现了其设计目的就是善。当人类实现了其本性的设计目标时就实现了幸福生活。跟斯多葛派不同，亚里士多德不认为人类应该使用他们的理性去完全征服他们非理性的心灵，把他们自己从激情中解放出来，他更接近他的老师柏拉图——他认为我们应该用我们的理性把我们的情绪引向良好的方向。但是跟柏拉图不同的是，他不认为我们应该在某种绝对、永恒、不变的形式中寻找美德，应该是我们用自己的辨别力，在不停变化的环境下辨别怎样做才是对的。

　　像普鲁塔克所说的英雄一样，我们需要弄清怎样在恰当的时间做恰当的事情。亚里士多德引入了这样一个概念：有一些关键的美德——勇敢、节制、幽默、友好、耐心等——它们存在于两种极端之间的"黄金分割点"。比如，勇敢是过度鲁莽和过度怯懦之间的黄金分割点，幽默是过于严肃和过于滑稽之间的黄金分割点，知道如何撞到两个极端之间恰当的分割点是需要练习的。我们获得这些美德的唯一方法是在真实生活的情境中练习它们，直到它们变成自动反应。他把美德比作演奏里拉琴，就像里拉琴的演奏者通过练习能变得更优秀一样，我们人类也能通过练习提高我们的品德，直到最后，经过漫长的训练，我们的习惯臻于完美，能在恰当的时间自动做恰当的事情。如果有人伤害了我们，我们会感到适当的耻辱，用适当的力量做出反应；如果我们处于政治漩涡中，能恰当地平衡、审慎和大胆；如果我们在一个宴会上，能以适当的轻松开玩笑，我们就成了幸福生活的行家。我们实现了幸福，它是对我们道德上的自我实现的额外奖励。亚里士多德坚持认为，真正的幸福不只是像伊壁鸠鲁学派认为的那样，是愉悦的感觉，或者没有痛苦。不是，真正的幸福是 eudaimonia，我们最高、最好的本性的实现带来的快乐。他写道："幸福是灵魂与美德一致的活动。"我们甚至能在为崇高的事业，如我们的国家和上帝牺牲自己的生命时发现幸福。当然，伊壁鸠鲁派会认为那样做是愚蠢的。

友谊与美好的社会生活

对亚里士多德来说，幸福生活具有难以摆脱的社会和政治维度。斯多葛派不需要其他人即可追求幸福生活，无论他们身在何处，甚至在流亡中或在监狱里也可以去追求。但是对亚里士多德来说，许多美德都是社会性的，如幽默、友善和耐心。这意味着我们只能和他人在一起才能实现幸福生活。我们天生是社会性和政治性动物，所以当我们为共同计划而工作、跟他人友好合作时会感到满足。对亚里士多德来说，友谊是一种重要的美德，他在《尼各马可伦理学》中用一整章的篇幅讨论友谊。伊壁鸠鲁学派也强调友谊的重要性，但是他们所说的友谊是跟政治生活分离的友谊，是私人友谊。对亚里士多德来说，最高形式的友谊具有政治或公民维度。我们爱我们的朋友不只是因为我们相互喜欢，或者相互有用，而是因为分享同样的价值观和社会理想，并且一起来推进这些理想。

那么，良好的社会就是使它的成员能够实现人性的社会。当人类本性的最高动力，如求知的动力、掌握技巧和美德的动力、跟他人联系共同奋斗的动力得到实现时，人类就会快乐。亚里士多德的人性观在1970年得到了证实，当时两位心理学家爱德华·德西和理查德·瑞恩发现，人类不是自由主义心理学认为的受利益激励的动物。实际上，他们做的一系列实验表明，人类如果发现一项事业是有意义的、有挑战性的、有趣好玩的，即使钱更少，哪怕不给钱，他们也会更努力地工作。所以人类会花很多时间和精力用于写博客和维基百科词条，这样做并不一定能挣钱。我们不是在消磨时间，我们是在创造。像亚里士多德认为的那样，我们在想办法实现我们本性中更高的冲动追求的意义、优越、充实、超越和乐趣。一个良好的社会会为它的公民创造机会，去实现这些冲动追求的意义。亚里士多德认为，对追求幸福生活来说，最好的体制是民主制，因为民主社会能让人们聚在一起，组建团体、协会、关系网和朋友圈，让他们在一起练习哲学和推理，走向共同善。民主社会想出的解决方法会优于专制制度下想出的方法，在专制制度下只有一小撮人忙活，而在民主社会，每个人都在思考，每个人都在忙碌着。

超越自助，走向互助

关于哲学在社会中的角色，亚里士多德给我们提供了一个非常乐观的图景。它带我们超越了自助，走向了团体互助。我们自己帮不了自己，我们需要跟其他人携手，为共同的事业而努力。但他的政治观点对我们提出了很多要求。它需要我们都成为哲学家公民，这样我们才能走向共同善的道路。当时并没有实现这一点，因为只有少数人——柏拉图式的精英——管理人类的社会。亚里士多德的观点要求我们更认真地对待教育，为教育花费更多的时间和资源，因为这是良好社会的基础。它要求我们信任政府去扮演家长式的管理个人生活的角色，积极地给公民的心灵灌输好的道德习惯，尤其当他们还是孩子时。亚里士多德提出，除非我们能得到正确的教育，不然就不可能实现幸福的生活。这是一种可行的观点吗？如果我们看看文艺复兴早期，那时亚里士多德哲学一度成为基督教世界的官方哲学，这是因为多米尼加的托马斯·阿奎那的努力，他综合了亚里士多德的哲学和基督教的信仰，并说服梵蒂冈认可它。当然，只有有知识的精英才真正能够研究哲学，但是托马斯式的亚里士多德主义为欧洲文化提供了一个基础，一种共同价值观，一座科学和文化、理性、信仰之间，及人和宇宙之间的桥梁。这个基础为乔叟、但丁、拉斐尔的崇高理想铺平了道路。但不幸的是，由于亚里士多德主义成了天主教会的官方哲学，它被固化成了宗教教条。如果你不同意亚里士多德的观点，你就是异端，就会被烧死。亚里士多德的教导，被官方以极端的方式变成了错误。

"幸福生活"没有绝对标准

　　具体地说，亚里士多德的天文物理学被证明是错误的，尤其是他的"太阳绕着地球转"这一理论。他缺少伽利略、培根、开普勒和16和17世纪科学革命时期其他人使用的科学方法，他的科学理论虽然在当时是先进的，但到了17世纪很自然地就过时了。发起科学革命的自然科学家们成功地挑战了亚里士多德的天文物理学权威，他们为进一步挑战天主教亚里士多德主义的伦理学和政治学的权威开启了道路，也为启蒙运动时期伦理学的百家争鸣开启了道路。教会的知识权威的衰落意味着，从18世纪到现在，西方不再拥有关于幸福生活的绝对权威哲学。相反，启蒙运动导致了一系列令人迷惑、相互竞争的道德理论的兴起——功利主义、康德主义、伯克派、洛克派、大卫·休谟和亚当·斯密的道德情操论、马克思和列宁的社会主义理论。

现代哲学成功地破坏了天主教会的道德权威，但是却没有为普通人重建一个道德体系，即以象、故事、仪式、节日和真正紧密的群体为基础的道德体系。康德跟普通男女的生活及他们关切的事物有什么联系？他能向他们提供什么样的希望和慰藉？唯一努力创造整套哲学体系来对抗基督教的亚里士多德主义启蒙哲学的只有马克思主义哲学（马克思在放弃学术生涯成为记者之前计划了一系列关于亚里士多德的讲座，他说亚里士多德是"伟大的研究者"）。马克思主义跟亚里士多德主义一样，为人类的繁荣创造了一个哲学框架，把知识分子和人民、社会科学和人文学科联系了起来。但遗憾的是，20世纪以马克思主义为指导思想的社会的残酷现实距离其知识分子支持者的梦想很遥远。实际上，苏联统治是如此残酷，以致在20世纪下半叶，西方的政策制定者开始接受这样的观点，政府不可以负责告诉他们的公民如何去发现和实现幸福。毕竟，你怎么能证明你的幸福观比其他人的好，因此你有权力去把它强加给他人？也许如以赛亚·伯林爵士所说，想象"我应该如何生活"这一苏格拉底式问题存在着的唯一的答案是一个形而上学的幻想，因此任何把这个答案强加给大众的尝试都必然会带来高压政治和集中营。

　　现代自由主义社会支持更加有限的政府观：它应该是一个守夜人，像哲学家罗伯特·诺齐克所说的那样，保护其公民的人身和财产安全，同时让他们自己去决定如何过上幸福的生活。按照伯林著名的定义，国家应该保护公民的"消极自由"，即他们不受他人干涉的自由，同时让他们去追求他们自己的"积极自由"，他们自己的幸福观。政府应该抵制插手公民私生活的诱惑，它永远都不该试着去治愈心灵，或者指导他们走向某种特定的人类实现自我概念。那是专制的成因。

　　为了跟这种有限的政府角色的概念相一致，政治变得越来越成为少数官僚专家的官僚政治，他们主要关心国家GDP的增长。同时，战后的多元主义慢慢变成了60和70年代的后现代主义和道德相对主义，在一些人看来，好像没有人有权利去告诉别人该如何生活，一切道德方案其实都是暗中试着把自己的兴趣强加给他人。后现代主义者坚持认为，没有所谓的本质的、不变的人性，所以任何以人性为基础建立道德观的尝试其实都是权力和控制的伪装。道德，以及真理本身，不是以人性为基础，而是人工的建构，是实用主义的虚构。哲学的目标不应该是建立某种幸福生活的模型，而应该是揭穿所有的幸福生活模型都只是自利的虚构。幸福生活就是对你管用的生活。如果你喜欢芳香疗法，那是你的事。如果你喜欢施虐受虐，那是你的

事。谁都可以自由地追求他自己的目标，只要他们宽容别人的
事情。只要对你管用，只要能令你感兴趣，那是你的事。

亚里士多德生活观的回归

后现代道德相对主义在20世纪80年代达到了高潮。那时，
一批思想家开始复兴亚里士多德的观点：有些生活方式就是比
其他生活方式好，通过生活艺术的教育来鼓励公民的自我实现
是政府的正当角色，甚至是它的义务。政府不仅应该保护公民
的消极自由，还要支持个体自我价值的实现、精神的充实等积
极自由。它认为，自由主义使我们陷入了孤独和孤立，像钱包
里散乱的零钱一样叮当响，在超大城市中漂泊，没有共同的价
值观，甚至不知道跟我们住在一起的陌生人的名字。

首先，只有不多的几个人提出了这种很有挑衅性、负面的
自由主义，如阿拉斯代尔·麦金泰尔和阿兰·布鲁姆，他们都在
80年代出版了很有影响的著作，提出道德相对主义令西方陷入
了深深的道德危机，我们需要回到古典的价值观和人类自我实
现的观念。到90年代，玛莎·努斯鲍姆、迈克尔·桑德尔等人
接过了新亚里士多德主义的理想，他们都努力寻找自由民主和
美德伦理之间的平衡，在新千年的第一个十年，新亚里士多德
主义达成了新的共识，把跨越整个政治光谱的盎格鲁-撒克逊
思想家联合了起来，如莫里斯·格拉斯曼、菲利普·布朗德、杰

夫·马尔根、琼·克鲁达斯、戴维·韦立兹、理查德·里维斯。
里维斯宣称："在政治和政策领域，亚里士多德式的幸福生活观
念渗透了当代人的关切。"如《每日电讯报》所说，"我们的领
袖现在都是亚里士多德主义者。"在这个十年的开头几年，法国
的尼古拉斯·萨科齐和英国的戴维·卡梅伦都宣布，他们将把幸
福当作公共政策的目标。欧盟好像也要效仿他们。其部分内容
是，政府将衡量公民的快乐水平，伊壁鸠鲁学派意义上的积极
感受。但是国家统计办公室说，他们还要做"幸福进路"调查，
询问公民他们认为他们的生活过得值不值得，是否有意义。如
一位内阁大臣所说："亚里士多德没有搞对一切，但他搞对了大
部分。"所以，在天主教的亚里士多德主义衰落几百年之后，好
像欧洲将再次拥有共同的亚里士多德式的人类繁荣的目标。

自我实现的心理学

是什么给予了知识分子和政策制定者新的自信，让他们认
为，首先存在着一种幸福的生活，其次政府能够也应该积极地干
预公民的生活，来推广这种幸福的生活？自信的来源之一是，认
知行为治疗被证明能帮助人们克服情绪障碍。如果我们的个性、
习惯和幸福水平都是固定的，政府努力推广幸福生活也就没有
意义了。认知行为治疗已经成功地证明，我们可以改变我们的
人格和个人习惯。我们可以通过学习基本的认知和行为技巧而

变得更快乐。认知行为治疗的目标很有限——它的目标是消极
地去除疾病症状，而不是积极地致力于鼓励人们的成长。但是，
亚伦·贝克在宾夕法尼亚大学的一位年轻同事马丁·塞利格曼开
始思考，能否把认知行为治疗技巧教给每个人，不仅是为了消
极的去除疾病的目标，而是以积极地鼓励人们成长为目标。

　　1998年，塞利格曼在担任美国心理学会主席期间发起了积
极心理学，它的目标是使心理学超越其消极的以疾病和病理学
为中心的研究，代以研究和推动人类成长的积极目标。积极心
理学的核心是亚伦·贝克和阿尔伯特·艾利斯从斯多葛派那里拿
来的技巧——通过改变你的习惯性信念而改变你的情绪。但是
塞利格曼加上了亚里士多德式的观念，认为存在着一种普遍的
美德，或者叫"性格力量"，所有人类文化都赞同这一点。塞利
格曼坚持认为，科学能够用调查问卷来量化一个人拥有这些力
量的程度，接着可以用它来帮助人们提高这些性格力量。所以
积极心理学不仅是教授快乐或积极的情绪，而更是如塞利格曼
在采访中对我说的那样："……感兴趣的是生命的意义或美德，
是希腊人所说的幸福。"

　　这便是积极心理学的新的文艺复兴——用现代经验科学检
验古代哲学，创造"一个经验上合理、容易理解、吸引人的幸
福生活观"。积极心理学家以他们的宣传和调查问卷为武器，告
诉我们什么能令我们更幸福、更强壮、更坚韧。积极心理学从
一开始就是一个很好的营销提案——谁不相信科学？谁不想变
得更幸福？塞利格曼显示出了他吸引资助的天份，有私人资助

机构如坦普尔顿基金，也有来自学校、教育机构和政府部门的
资助。一些公司如销售鞋子的Zappos接受了积极心理学，并向
员工教授它。政府也开始对积极心理学的传播提供资助，比如
英国政府花钱让塞利格曼和他的同事设计一个为期三年的试验
性项目，教中学生"情绪恢复"。2009年，塞利格曼中了头奖，
五角大楼给他和他的同事开了一张1.25亿美元的支票，让他们
给所有的美国士兵上坚韧课，我们在第二章已经提过。这是塞
利格曼所说的新的"幸福政治"的第一步，政府出钱向公民教
授人类成长的科学，就像美第奇家族用他们的财富在文艺复兴
时期的佛罗伦萨传播柏拉图哲学一样（塞利格曼这样类比）。幸
福政治没有任何放缓的迹象：2011年底，在欧洲濒临金融崩溃
的边缘时，欧洲议会主席赫尔曼·范龙佩向200位世界领导人
赠送了一本关于积极心理学的书，还附上一封信，呼吁他们在
2012年把幸福当作主要的政策焦点。他写道："积极思维不再
是讲给流浪汉、空想家和永远天真的人的理论。积极心理学以
科学的方式关心生活质量。现在该让街道上的男男女女了解这
种知识了。"

超越多元主义？

　　好像西方社会正在超越多元主义和道德相对主义，回到接
近中世纪天主教世界的政治观，那时欧洲团结在共同的价值观

和共同的人类成长的目标之下。政治家不是让教士和神职人员，而是让心理学家和神经科学家指导我们过得幸福。塞利格曼是一位科学家，积极心理学说它自己是客观、道德上中立的科学，这让政府得以向它的公民宣讲一种幸福生活观，同时还声称他们不是道德上的家长制统治者。塞利格曼坚持认为，积极心理学是一门科学，而不是一种道德哲学。它"不告诉人们去做什么"，它"不是一种道德理论。它不告诉我们什么是对的，什么是错的，什么是善和恶，什么是公正，什么是不公正"。他说，积极心理学描述一种幸福的生活，但不指定它。塞利格曼坚持说，积极心理学没有提出一种幸福生活的模型。他提出，有五种不同的幸福版本，他称之为PERMA：Positive emotion，积极的情绪，或者在伊壁鸠鲁学派的意义上是感到快乐；Engagement，充实，或者说感到沉浸于一种活动；Ralationships，人际关系；Meaning，意义，或者说感到你在为一种有价值的更高的事业做贡献；Achievement，成就。他说，自我实现的这五种版本可以科学地加以测量，幸福生活也许是这五种幸福的某种组合，但谦卑的社会科学家不会告诉我们哪种是最好的。所以积极心理学没有告诉人们该如何生活。它只是测量什么样的引导能够带来这些自我实现的类型。

　　但实际上，如果你去看积极心理学是如何教孩子和士兵的，你会发现它非常带有规定性、强迫、说教，比如每一个美国士兵都要上的"全方位士兵健康"课。这种课程有许多受欢迎的地方——它教士兵斯多葛派的这种观念：理解了我们的信念和解释外界事物如何影响我们的情绪，我们就能变得更坚韧。但它还努力教授"乐观思维"，这种思维包括不责怪自己犯下的错误，要因为成功而得到赞扬。这不是认知行为疗法的内容，也不是斯多葛派的教诲。这实际上是一种很危险的观念——它训练我们事情顺利时得到表扬，事情搞砸了时逃避责任。同样误导人的是，塞利格曼声称，调查问卷能够量化我们的生活多么有意义，我们拥有多少"性格力量"。现在每位美国士兵都要做许多塞利格曼设计的程序化的问卷，它们被称为全球评估工具。士兵们用0~7分的分值回答一些简单的问题，然后计算机给他们的心理健康、情绪健康甚至他们的精神健康打分。如果他们得分太低，电脑屏幕上就会弹出一个框说：

"精神健康对你来说可能是一个很困难的领域。你可能缺乏意义感和人生目的感。有时，你很难理解你和你身边其他人经历的事情。你可能没感到跟某种比你更强大的事物的联系。你可能会质疑你的信念、原则和价值观。无论如何，你是谁、你做什么很重要。要做一些事情来使我们的人生更有意义和目的性。改变是可能的，相关的自我发展的培训是有效的。"

我觉得这是一种奇怪的机械的思维方式——中世纪的教士被装有关乎人类精神文明软件的电脑给取代了。注意，质问"你的信念、原则和价值观"成了精神虚弱甚至生病的标志——我们远离了苏格拉底和斯多葛派的思想，更接近天主教的思维方式：任何对官方幸福道路的背离都是疾病甚至异端。一些士兵认为它无礼、侵扰他人也就不令人感到意外了。类似地，学校在教授积极心理学时，它是规定性的、简单化的。比如把积极心理学纳入课程中的威灵顿学院，提出了一个"10分幸福课"的安东尼·赛尔登校长说它"囊括了每个希望最大限度地利用生命的孩子和成人都需要遵守的东西"。这所学校的幸福课老师伊安·莫里斯说，他觉得学生"没有多疑癖"。但这真的是一件值得庆祝的事情吗？难道幸福课不该训练学生的怀疑精神吗？

我不反对学校和军队向年轻人传授道德价值观，但是我反对把这些价值观当作无可辩驳的"科学事实"教给他们。支持成长科学的经验论通常是经不起推敲的，它粗鲁地干预人的性格。积极心理学家真的认为快速的程序化问卷能够准确地量化一个人精神上有多健康、他们有多么幸福吗？你可以问一个人他认为他的人生多么有意义或者多么道德，但是谁会说他们的回答是对的？你可以问他们在多大程度上感觉自己在为了一个"更崇高的事业"而做贡献，但是这并不能让你知道他们参与的事业是不是真的崇高。问卷只能告诉你一个人如何看待他自己，但它不能告诉你他们在现实生活中的行为。塞利格曼本人拼命避免道德家长制的指责，努力保护他的科学信誉，他坚持说，一个人也许在积极心理学的成长测试中得分很高，但他仍是一个不道德的人。他举本·拉登为例，说拉登可能会在PERMA测试中得分很高。但如果本·拉登符合你的幸福模型，那么这个模型肯定在哪儿有严重的错误。

　　这就是努力把古代哲学变成科学的危险。有一种很有害的说法说，你可以"证明"某种幸福生活模型的可信性，所以人们就不必再争论它或同意它。如果政治家轻率决定，因为研究证明了它，这种科学就应该立刻传播给大众，通过自动化程序和事先写好的剧本灌输到公民的性格中，这样的主张就会变得很危险。它标志着技术官僚、科学专家的胜利，但付出了实践理性、个体自由和选择的代价。塞利格曼及其政治上的支持者如此热衷于建立一种"客观的科学"，热衷于避免道德家长制的指责，以致他们已经建立了一种忽略了我们的道德判断、道德争论和自由选择的幸福生活模型，而被忽略的这些东西是人类充分发展相当重要的方面。

哲学与心理学的不稳定结合

　　我不是说积极心理学完全是浪费时间。我赞同它的大部分工作，尤其是传播古代哲学的思想和技巧，以及用经验科学检验这些思想。这真的是一个很有价值的工程。道德哲学如果没有经过实证研究，就会像是钵中之脑，被切断了跟真实世界的联系，但是没有道德推理的纯粹科学的幸福生活模型就像无头之鸡。我们应该抵制这种想法：我们可以在排除道德争论和公共思考的情况下得到某种被证实的科学的幸福生活方程。用亚里士多德的话来说："在一个学科允许的限度内追求该学科的精确是受过教育的标志。"如果我们太急于向整个社会传播一种自我实现的版本，使它自动化，灌输给民众，最后我们给出的将是一种简单化、倒退的、侵扰民众的、有害的幸福生活的官方版本。

　　在本书中，我努力加以说明的是，古希腊哲学给我们提供了不止一种，而是好几种幸福生活的模型。它们都遵从苏格拉底传统的三个步骤——我们可以认识我们自己，我们可以改变我们自己，我们可以养成新的思考、感受和行为的习惯。他们也都赞同第四步：哲学能帮助我们过得更好。但是第四步在定义幸福生活、定义我们跟社会和神的关系时，他们走了不同的方向。这些哲学涉及个人要为自己做的不同的价值判断。科学能"证明"前三个步骤，这总体上是正确的。所以在这个意义上，苏格拉底伦理学确实好像符合我们的天性，也许政府可以向孩子和青少年教授基本的苏格拉底式认知行为治疗技术。但是科学永远都不能证明第四步。我们永远都不能证明哪个幸福生活的模型是好的，因为我们永远都不能肯定上帝是否存在，是否有来世，人的存在是否有超验的意义。科学也不能证明对世界的哪种情绪反应是健康的、恰当的。你的配偶去世后你悲伤多久才是恰当的，这不是一个科学能够客观地回答的问题，这是一个道德、文化和哲学问题——以及一个人性的问题。

　　所以如果政府想在中学、大学或成人教育中心教授"幸福生活"（我认为它们应该这么做），那么我建议它们教授前三步，以及第四步中各种不同的道德进路，而不是把它们倒进一个酒杯里，搅和，直到它们失去它们的棱角、差异，以及它们相互之间的辩驳。我们要使人们能够考虑幸福生活的多种进路，然后去实验、创新、自己做决定。不然教育的过程就太消极了：专家用勺子喂幸福的艺术，大众跪下来咽下去。我不是自大地认为这本书中呈现的幸福生活模型已经详尽无遗了。我们遇到的所有的学派都分享了一些基本的苏格拉底式的假定和价值观。具体地说，他们都像苏格拉底一样认为，幸福生活是理性的、自我控制和自足。这可能是对幸福生活问题的部分回答，但这不一定是全部的答案。

遇见让·瓦尼埃

在卡米诺的第一个晚上，我与大约200位朝圣者一起，住在潮湿的比利牛斯山龙塞斯瓦耶斯一个教堂的大厅里。我记得我坐在我的床上，以书掩面，被迫跟这么多陌生人挤在一起，让我有点儿不适应了。我习惯于拥有自己的空间。那天晚上，我前往唯一的餐厅，被告知跟其他朝圣者坐在一起。我就跟一个叫赛伦的爱尔兰年轻人坐在一起。我们开始聊天，我告诉他我在写这本书。赛伦对我说，朝圣完之后他要去跟一位哲学家一起工作，那个哲学家叫让·瓦尼埃，他在法国建了一个团体，在那里志愿者们跟智障人士一起生活。瓦尼埃最初在大学里研究亚里士多德，后来离开学院，建立了这个团体，叫"方舟"。

最初他和他的一位朋友与两个智障人士一起在 1964 年创建了这
个团体。慢慢地，这个团体变大了，今天在全世界 35 个国家有
150 个"方舟"。对此我感到好奇，朝圣完之后，我联系了赛伦，
去了法国的特罗斯利 - 布勒伊，赛伦在那里的一个房子里要跟五
位志愿者和六位有智力障碍的"核心"成员一起生活一年。我
看过一些国营精神病院的状况，那里的状况令我眼前一亮，有严
重障碍的核心成员被当作人来对待，被认为值得尊敬、照顾和
关爱，他们与有时在那里住上一年的志愿者形成了亲密的关系。

　　让·瓦尼埃还住在特罗斯利的同一所房子的一个小屋里，
他太高大了，就像一个住在小屋里的和善的北极熊。他已经 83
岁了，是一个在国际上很受尊敬的人物，但是他的生活很简单，
人很平和，我可以感觉到，他跟我见过和采访过的大师不同，
他不虚荣，不需要被关注。他一定觉得我是一个怪人，登门跟
他讨论亚里士多德，但是他还是给了我很多时间。我问瓦尼埃
希腊哲学能不能成为我们的社会真正的灵性或生活方式的基础，
他回答说："亚里士多德理解我们对幸福和自我实现的深深的渴
求，理解友谊的重要性。但是，他显然是一位精英主义者。他
把人类定义为理性、自由的希腊男人，这太狭窄了。根据这个
定义，野蛮人不是人，女人和小孩也不是真正的人，有智力障
碍的人更不是人。"瓦尼埃指出，古希腊哲学，不只是亚里士多
德，几乎所有的古希腊哲学，都倾向于追求完美理性和完全自
足的理想。连强调友谊和政治参与等社会性美德的亚里士多德
都将人的定义界定为具有伟大灵魂的人，一种超人，不需要任

何人。斯多葛派提出了一种圣人模型，这种人像是一个不会受到伤害的理性堡垒。现在，这种理想还有一些价值：作为成年人，我们需要学会自己站立，学会独立自主，认识到我们不是必定需要那些我们以为自己需要的东西。但是我们可能会变得过于独立，会有太强的独立意识和自我保护意识，结果变得孤独、与他人隔绝。瓦尼埃写到过，孤独是我们的时代最大的疾病，它部分源于我们羞于承认我们都是有缺陷的、不完美的、容易受到伤害的动物。

亚里士多德会认为"方舟"里有智力障碍的居民是低于人类的。但瓦尼埃说，"方舟"的志愿者从核心成员那里学到了他们共同的人性："他们让我们知道，我们都很弱小，我们都是有缺陷的，我们都很脆弱，但这没关系，这是人的一部分。我们要学会接受我们的弱小和脆弱，这在今天的社会极其困难，因为现代社会特别强调能力、效率、强大和独立。"瓦尼埃的哲学很接近于托马斯·阿奎那版本的亚里士多德，把亚里士多德强调的理性跟更像基督教对我们的有限性的谦卑和同情结合了起来。希腊哲学过度强调了圣人超人般的独立于世，瓦尼埃的哲学以相互结识、建立联系、真正的友谊和爱为基础。他说："一个良好的社会是使人们建立相互关系的社会，不是告诉对方去做什么，不是去证明我们优于对方，而是去思考我们共同的人性，去创造友谊，通过一起进餐、一起生活、一起跳舞来庆祝生命。希腊哲学中没有多少舞蹈。"

这个版本比一些新亚里士多德主义者的版本小很多。它不努力去创造一个政府资助传播至整个西方世界的幸福生活模型。瓦尼埃说，它是"很小的群体聚在一起。我们在这里就是这么做的——跟残障人士在小群体里生活，表明他们也是人"。他说："我更认同村落的生活。我们的社会有变得太大、太技术化的危险，从而造成人与人之间相互隔绝，不利于良好的人际关系的形成。"相反，他和"方舟"的其他成员在努力创造"一种新的生活方式，它以结识为基础。一个人跟另一个人结识。跟另一个人结识不仅揭示我的优点，也揭示出我有缺点、遇到了困难，我需要你的帮助。"

我们生活在一个对哲学来说很激动人心的时代，旧的信念和结构在解体，个人和政府在寻求可以带至社会的共同的幸福生活观。政府又相信它能使我们变得更幸福、更聪明，相信它能构建一个西蒙·詹金斯所说的"快乐国家的基础"。但是我认为真正的关系、真正的友谊、真正的哲学团体只有在很小、很亲密的范围内才有可能形成。幸福政治最后可能会变得机械化、工具化，用程序性的问卷调查，赋予幸福专家太多解读的权威，结果却是以公民独立自主为代价。

我希望我们能够更好地平衡古代的幸福生活思想和现代的多元主义、自由主义政治。这将使我们认识到，幸福不只是一个能够客观地加以定义、确定，用经验科学去测量的概念，果真如此的话，世界会成为一个更加无趣的地方。我们应该探索幸福的多种哲学进路。我们应该把公民当作理性的值得平等地与之交流成年人。我们应以实践理性平衡经验主义，以对价值和目标的考量平衡工具化技巧，以人为平衡科学。世界上存在着不仅是一种幸福生活的版本，而是多个。不是强迫大众追求一种官方的幸福目标，而是一群朋友在追求幸福时相互帮助。这是我希望看到的。

尾声

思考死亡，就是思考人生

托马斯·戴利1978年加入美国海军陆战队，时年17岁，2008年退役，去过贝鲁特、格林纳达、巴拿马，参加过两次伊拉克战争，以及阿富汗战争。在为美国战斗期间，他五次负伤、撤离。他经历过的最具挑战性的情形是2004年11月在伊拉克的第二次费卢杰战役，在那里发生了自越南顺化战役以来美军经历的最激烈的巷战。2004年一年中，伊拉克和其他国外反叛武装在这座"清真寺之城"构建了坚固的阵地，在全市范围内布置了狙击手和路边炸弹，准备跟陆战队决一死战。五角大楼认为该市已经成了大约5 000名基地武装分子的据点，为首的是基地组织在伊拉克的领袖扎卡维。

11月8日，陆战队开始进攻，行动代号为"破晓行动"。美军首先乘坐布拉德雷战斗车辆开进，然后陆战队队员在大炮和重武器的掩护下步行跟在战斗车辆后面。他们从该城的北侧入城，一座房屋一座房屋地向南推进。汤姆说："我愿意把费卢杰描述成像是在开一辆车，接着这辆车压到了一块冰，车开始旋转，失去了控制。所以你就往一侧打方向。这是本能的反应。这种情况很危险。在这样的情况下，显然你会死掉。我老实地告诉自己，在那险象环生的情况下，人人都会随时死掉。有时，为了集体的利益，你得去冒险，或者把别人送入险境。"

汤姆27岁时接触到了古代哲学，他拿到了人文学科的硕士学位。由此汤姆发现了马可·奥勒留，读了他的《沉思录》。他说："我喜欢的一点是，他是一位士兵。我喜欢的另一点是，这本书是他写给自己看的，不是写给大众看的。他是在努力弄清如何安排他自己的生活。我认为人们应该以行动来说明该如何生活，而不是通过强迫他人相信你相信的东西。"汤姆最近去伊拉克和中亚其他地区执行任务时，随身带着奥勒留、爱比克泰德和塞内加的书，一有空闲就读。他说哲学思想和技巧能赋予他应对险境的力量：

"我感到一种强烈的责任感，这是我接受斯多葛派哲学的一个重要原因。服役的人、打仗的人，他们知道这是怎么一回事。他们不想打仗，他们不想这样。他们知道，这与电影里的不一样，没有任何荣耀之处。他们只是在干一个活。有时你会处于你不喜欢的情境，但是你要干活。大部分士兵都会抱怨。我努力不去抱怨自己的任务。"

汤姆2008年从海军退役，回到妻子身边，回到他们刚买的新家——有 5.6 英亩，在得克萨斯州的达拉斯附近。他说："我想回来定居，过平静的生活。我一直在与网上的斯多葛派群体一起做事，我希望它继续扩大。"但是汤姆的计划没能实现。在采访的最后他对我说，昨天他发现他长了一个脑瘤。他说："医生昨天跟我确认了。我还没告诉我妻子。我将在圣诞节过后告诉她（采访是在 12 月 22 日），我不想毁掉她的圣诞节。她可能不希望我向她隐瞒，但事实就是如此。医生希望尽快给我做手术，应该是在明年一月的第一周。"

我有些惊呆了，对他说我得知这一消息后我很难过。我问他作何感想。他说："哦，不是你想听到的那样。我一直在想这个家中如果我遭遇什么不测，我妻子的生活有保障吗？不过实际上，抵押贷款上过保险了，所以如果发生意外，我妻子能留住这套房子。"我问他肿瘤有多严重。他说：

"很难从医生那里得到直接的回答。我去过伊拉克和阿富汗几次，有好几次我都可能被击中。在服役过程中我五次负伤，但我依然从不相信我会在那样的情况下死掉。这次的情况不一样。一个不同是，现在不会立刻死掉。我也知道我的身体可能会受到损伤。我已经丧失了一些语言能力，记忆也出了问题。我的一个朋友 2007 年去世，几乎是跟我一样的病。他 12 月做的肿瘤手术，到第二年 8 月就去世了。所以我可能只剩大约 6 个月了。"

我试着问他对死亡的态度。他说：

"我部分觉得,这就是你的命,像苏格拉底面对死亡时一样。另一部分想,医生也许可以帮我。马可·奥勒留说过大致的话,你可能只剩一天了,或者还剩十年,但是所有人都会在某个时候离开人世。这不是勇敢,只是接受不可避免的事情。从统计学上来说,情况并不妙——如果历史上所有人都死了,那么很有可能它也会发生在我身上。我希望不是明天,但那不是我能控制的。"

"你相信来世吗?"他说:"我想有,但也可能没有。马可·奥勒留也说过,'如果存在上帝,那令人感到安慰。如果我们只是原子,那就不会有任何感觉。'如果存在上帝,我可以肯定他会理解我的想法,以及我为何那样想。"患病的消息改变了他的想法了吗?他说:

"我想人们应该反复地思考他们所过的生活。我是我想成为的人吗?我误导过别人吗?有些事情是我不能控制的——过去,或者未来。我像其他所有人一样被生活缠住了。我没有做到思考第一,但是我努力反思我自己和我的行为。我是一个正在进展中的作品。我能否完成这一作品并不是我能决定的。但我现在将加快去完成。我希望我能有时间去写我自己的《沉思录》,建议人们该如何生活,写给我儿子看。"

那么,作为一个斯多葛派,他该跟他的情形做斗争,还是接受它？他说："二者并不是相互排斥的。就好像去打仗，我接受我可能会战死这一事实，但这并不意味着我会不战而败。如果我还不该死，我就战斗到底。如果我的死期已到，我会赴死，不流一滴眼泪。"

在接受采访两周后，汤姆于1月4日进入手术室。起初恢复得很好，但后来状况恶化，他陷入了昏迷，于2010年1月26日早上去世。

我们必将面对的那一刻

死亡能成为精神练习吗？古希腊人认为能。实际上，对他们来说，死亡就是精神练习，其他练习都是为它做准备。如苏格拉底所说，研究哲学就是"练习死亡"。塞内加认为，"要用一生的时间学习如何死亡。"马可·奥勒留也赞同"连死亡都是生的一部分，只需要看到漂亮地完成这一刻。"对古代哲学家来说，我们面对死亡的那一刻将最终测试我们的哲学练习的成果。我们真的改变了自己，实现了不可动摇的安宁了吗，还是只是说说而已？我们死得是否漂亮？我们在柏拉图的《斐多篇》中看到，苏格拉底在他生命中的最后几个小时，表现得彻底像一位哲学家。柏拉图用完美的表达技巧重现了这一戏剧化的场景：苏格拉底的朋友们围着他啜泣；他的妻子赞西佩痛哭得不能自己，不得不被带出房间；行刑人在一边等着，端着一杯毒芹。

在这种混乱中，苏格拉底的"神态和语言在死亡时刻是如此高贵，如此无畏，在我看来他好像很快乐。"

苏格拉底之死非常戏剧化，柏拉图本来是想成为一名悲剧作家，但苏格拉底的死没有任何悲剧之处。在某种意义上，《斐多篇》是反悲剧的。这里具备悲剧的所有要素——不公正、谋杀、朋友和家人的哭泣，主人公天年未终就要死掉。但在这种情况下，主人公固执地认为，他没有遭受什么不幸，所有人都不该哭。这就是《斐多篇》传递的信息：死亡不是一件坏事。苏格拉底努力让他的朋友们相信死亡不是坏事，他说服他们的办法是，向他们证明灵魂是不朽的，然后描述死后灵魂的命运。《斐多篇》是一张灵魂的地图，为自己死后的灵魂之旅做好准备，一些希腊人和罗马人去世前会读它，就像一些佛教徒临死前让别人给自己读《西藏生死书》一样，为灵魂之旅做好准备。

苏格拉底对我们说，死后，灵魂离开身体这一牢笼，升往天堂，"跟纯粹灵魂交谈"。然后到了一个实行审判的地方，仍然跟物质的东西连在一起的灵魂在那里忘掉他们的前生后转世，那些用哲学净化过自己的人"之后将不带肉体地生活，住到更美的地方去。"对于灵魂之旅的各个步骤，《西藏生死书》对它的描述是确信的，苏格拉底则说得不那么确定："我不是要断言我所做的描述是完全准确的——一个理性的人不该轻易那么说。但是我要说，由于灵魂是不朽的，因此有这么个信念并不错，也是有价值的。"根据苏格拉底的说法，死亡就不是坏事，因为灵魂是不朽的，在离开身体之后最后会跟神合一。死亡就是哲学家对死亡漫长追寻的终结，在那一刻他对神的追求到达了顶峰。因此苏格拉底说，"他难道不是快乐地死去？他肯定会，我的朋友，如果他是一位真正的哲学家。"

伊壁鸠鲁式的善终

但如果你不相信来世或者不确定死后灵魂会怎样，那样还会有所谓善终吗？伊壁鸠鲁派认为死后灵魂不会存活，但他们仍坚持认为，死亡不是坏事，明智的人可以"善终"。死亡不会给我们带来伤害，因为伤害寓于不愉快的感觉，但一旦我们死了，我们就不会感受到任何东西，因此死亡不会给我们带来伤害，它不是坏事。对伊壁鸠鲁派来说，善终是我们平静、快乐地告别人世，有朋友围在身边，愉快地想起我们分享的所有快乐时光，不会毫无必要地担心来世和安全，因为我们知道，如卢克莱修所说，死亡"比最深的睡眠还要安宁"。

这样的死亡的一个实例是大卫·休谟的辞世，他是18世纪的一位哲学家和无神论者。在60多岁的时候，在经历了漫长杰出的随笔作家、历史学家和哲学家生涯之后，休谟患上了消化不良，大概是癌症。他的朋友哲学家亚当·斯密告诉我们，最初休谟战胜了疾病。但是症状又复发了，"从那时起他放弃了一切康复的念头，但极其快乐、极其满足地屈服于疾病，顺从于死亡。"去世前不久，斯密去看望他，休谟高兴地说："我已经做了所有我想做的重要的事情，我已尽力令我的亲人和朋友过得更好。因此我完全有理由满足地死去。"我们读到，在最好的时日，休谟"完全不焦虑、不焦急、不消沉，看有趣的书来度过他的时光"。他"高兴、镇定地离开了人世"。但是，如果我们还没有做完我们想做的重要的事情呢？在那种情况下，死亡是不是坏事？我们可能会同意，由于缺少来世的证据，死亡肯定是阿尔伯特·艾利斯所说的"令人憎恨的事情"，尤其是当它在我们年轻时就降临，当我们还没有享受漫长的人生的时候。但多长算漫长？我现在 34 岁，这意味着如果我活在别的时代或者别的地方，我活这么长已经很幸运了。

较好与较差的死法

哪怕我们不同意古希腊哲学家的观点，坚持认为死亡是一件坏事，我们仍可以同意，存在着较好和较坏的死亡。没几个人能选择自己的死因，但有些人在一定程度上可以选择我们辞世时的风度，有能力控制这一过程，哪怕只是在很有限的范围内，能让垂死的人在最后几周或几天里获得一些安宁和满足。当代英国思想家查尔斯·里德贝特在 2009 年秋天失去了他的双亲。但是他 2010 年在一次演说中说，他的父母死得完全不一样：他父亲的死很糟糕，而他的母亲得以"善终"。他父亲死于

"一间很可怕的病房，艾尔代尔总医院的3号病房。房间里天花板已经褪色，到处都是医疗设备，病房极其标准化和单调。那里一点儿也不干净。我母亲去探望我父亲时，她要穿越那些设备，去亲他一下。在这样的时刻，这个可怕的病房才能因为这种亲密的举动而有一些生气。但她穿越设备去亲他这一景象反映了这里的问题：杂乱的设备很碍事，应该清理一下，同时也可以让病房显得有些温情。"

查尔斯的母亲在他父亲去世几天后也生病了，她被送往布拉福德皇家医院：

"经过深思熟虑之后，她决定她想结束生命。但是她住在一家非常好的医院，那里的医务人员热切地希望让她活着。他们用药救治她时，她问他们能不能只给她一大颗药让她死掉？他们说，"不行，我们不能那么做……"然后她意识到，如果她不服药的话，她就会死掉。所以最后他们把她转移到一个护理之家，她死在了那里，就在他们在早上9点半给她吃了玉米片之后。我母亲死亡时有归属感，并感到完满，直面自己的处境并做出决定。死亡方式无疑是在她掌控之中。她无法控制她死亡的情境，但是她可以在其中寻找自己的路，寻找适合她的死亡方式。最终，在这场死亡中她是主角。在我父亲的死亡中，主角是护士和医生们。他们是男女主人公。我母亲死亡过程的主角是她自己。"

里德贝特概括说："在我们目前的制度中有太多糟糕的死亡方式，对医疗服务体系投诉中的50%跟人们去世的方式有关。"善终"不够多，"善终"的剧本应该是去世的人亲自写的……我们需要的是让人们写他们自己的剧本。"（我们独立自主的程度取决于我们是否选择死亡。如果我们决定要活下去，如果我们决定要尽可能地跟疾病做斗争，也许是为了我们的家人，那么我们必然就会授予医生控制我们的生命的权力。）

选择一种死亡

写自己的死亡剧本，确定自己的死亡之路，这是非常斯多葛派的做法。斯多葛派是最早把死亡当作最终的生活方式选择的人。塞内加写道："就像我选择乘坐哪一艘船或住哪一幢房子一样，我也选择一种死法。"就像我们在《斐多篇》中看到的苏格拉底一样，完美地掌控自己的死亡过程，把它当作一个机会来表达自己的价值观，斯多葛派也努力地书写他们死亡的剧本。他们努力把自己的死亡变成斯多葛派面对无法控制之事时的尊严和独立自主宣言。比如，我们能读到第欧根尼对芝诺临终时刻的记载，芝诺年迈时，绊倒了，摔断了自己的脚趾，离开了斯多葛派的学校。他拍着大地喊道："这都是我自找的，为什么还召唤我？"接着他就自杀了，好像是通过停止呼吸或绝食。他的继任者克里安西斯是绝食而死，当他老了生病时，他认为他已经活得够久的了。其他斯多葛派也选择死亡，而不是被俘或者被暴君杀害：小加图用刀刺穿自己的肚子而死，而不是被恺撒擒获；塞内加割腕自杀，而不是被尼禄的军队杀害。自杀对他们来说是表达目中无人的自由，以及面对暴君时的自我决断。斯多葛派努力书写他们自己死亡的剧本，当然他们的死亡过程有一些戏剧化甚至做作之处，他们就像是在有意识地扮演柏拉图描写的苏格拉底。

但他们真实的死亡过程并没有彩排过，不像柏拉图虚构的那样顺利。比如，塞内加面对死亡时本来是想追随苏格拉底：塞内加平静地听取了他必须死掉的消息，责骂他哭泣的亲人被他们的情绪占了上风。但接着这场戏就演砸了。塞内加切开了他的手腕，但是血流得太慢，他死不了。他又切断了膝盖和大腿的动脉，但这仍然杀不死他。之后他又服毒，但毒液在他血液里流得太慢。最后，为了结束塔西佗所说的这"单调乏味的死亡过程"，他被带进一个热澡盆里，最后在热气中窒息而死。塞内加辛酸的、有些荒唐的死亡方式告诫人们，我们控制自己的死亡的意图，并希望在这一过程中表现我们的自主和尊严和这是死亡这一事实之间存在着矛盾。死亡反抗我们对它的控制。

人有权结束自己的生命吗？

必须要说，古代的斯多葛派对待自杀的态度很宽容，他们显然认为只要我们觉得生活不可忍受，或者只是感到不快，选择自杀都是可以的。塞内加写道："如果你喜欢，你就活着；如果你不喜欢，你就可以回到你来的地方。"但是我们有权结束自己的生命吗？如果有的话，在什么情况下可以？选择死亡不就是拒斥上帝给我们的生活条件，因此是一种斯多葛派所认为的罪孽吗？这就是苏格拉底在《斐多篇》中的立场。他说人类是"神的财产"，因此我们不能取走自己的生命，"一个人应该等待，直到神召唤他时取走他的生命，就像他现在在召唤我一样。"苏格拉底认为他的死不是自杀：他被雅典人命令喝下毒酒，所以他就喝了。这是被处死。但当然，苏格拉底在某种意义上是选择了死亡，选择不接受他的朋友们的劝告逃离雅典。他说他听从了神的召唤去死亡。斯多葛派也为神召唤我们去死时的自杀辩护。马可·奥勒留说，我们应该等待，"就像一个士兵等待从生命的战场退出的信号"。但是我们怎么知道神召唤了我们？一个狂躁的抑郁者可能会以为神一天召唤他六次。连摔断脚趾都可以被认为是神的召唤，谁还能活到成年？

斯多葛派对自杀的辩护对罗马的法律产生了极大的影响。罗马的法律宣称，一个人选择告别人世的方式是个人的权利，剥夺人的这一权利比杀死他还要坏。基督教诞生之初的几百年间，延续了对自杀的接受。毕竟，《圣经》没有明确地谴责自杀。

虽然《圣经》中的七次自杀大部分是坏人的自杀（最坏的是犹大），但并非全都是坏人，比如参孙仍被犹太教和基督教奉为英雄，虽然他了结了自己的生命。基督教成为罗马帝国的官方宗教时，才有人试着制定法律反对自杀。基督教对自杀的禁止始于公元4世纪的圣奥古斯丁，他回到苏格拉底最初的观点，认为我们是神的财产，因此我们不能了结自己的生命。在6世纪，天主教会已经开始立法反对自杀，禁止教士给自杀的人做弥撒，禁止把他们葬在圣地。

到12世纪，中世纪神学家们经常重提自杀问题，解释它为何是罪孽。他们这样做的时候是在跟斯多葛派做斗争。实际上，源于拉丁语新词的"自杀"（suicide）一词最早就是12世纪反对塞内加赞同自杀立场的宗教小册子造的词。斯多葛派和基督教对待自杀的矛盾态度在文艺复兴时期再次登场，那时塞内加又流行起来。英语文学中最著名的演说，出自莎士比亚的《哈姆雷特》，其实讨论的是在死亡权问题上斯多葛派和基督教到底谁是对的：

　　"生存还是毁灭？这是个问题。究竟哪样更高贵，去忍受那狂暴的命运无情的摧残，还是挺身去反抗那无边的烦恼？"

到了18世纪，基督教作为文化力量在欧洲衰落了，人们对超自然力量的信仰开始减弱，哲学家和作家们大胆地表达他们对自杀权利的支持，如果生活变得无法忍受的话，人们是可以选择自杀的。比如大卫·休谟，他1755年在《论自杀》一文中写道:"交还人们天生的自由……按照古代哲学家们的观点,自杀也许是从所有关于罪恶和责备的诋毁中解放出来。"休谟说,"这是我们对死亡自然的恐惧,当生命值得保留时,从未有人丢掉过它。"但是休谟在世时没敢发表他对自杀的辩护,他这篇论文在1783年他死后才出版。在我们的时代争论仍在继续,在我写到这里的时候,英国的一个委员会刚刚建议政府使安乐死合法化。争论依旧分为斯多葛派和伊壁鸠鲁派对选择死亡权利的辩护,以及基督教和柏拉图主义坚持认为的生命的神圣性。也许斯多葛派正在获胜,因为婴儿潮一代赞同死亡是最终的生活方式的选择。

然后呢?

死后等待我们的是什么?我们的灵魂会飞向纯粹光亮的宫殿,接受判决并被指派一个新的身体吗?还是我们的意识消失、身体解体、归于尘土?还是会发生别的事情——某种完全不同于我们的想象的事情?现代哲学家倾向于认为,死亡是终结。我认识的哲学家中很少有严肃地为死后的生命辩护的。哲学家和心理学家、小说家亨利·詹姆斯的哥哥威廉·詹姆斯确实努力这样做过。他在担任心理学研究学会主席时,花了许多时间研究灵媒和濒死体验。学者们普遍认为他这方面的研究是一种古怪的癖好,不能跟他更加严肃的学术成果混为一谈。但是我认为威廉·詹姆斯之所以是一位杰出的思想家,就是因为他对

各种人类体验敞开胸怀。他没有摒弃任何体验，认为它们不值
得注意、不值得研究，而是坚持认为哲学和心理学应该考虑一
切可以获取的数据——客观的和主观的。人们有一些奇怪的体
验。他们有灵魂出窍的体验、濒死体验、前认知和心灵感应体
验、神秘的幻觉、灵感的闪烁、预示性的梦、对前世的记忆（这
些体验也许是想象出来的，但是它们好像对那些体验它们的人
来说很重要）。连清醒的学者都有这类体验，虽然他们很少会在
公开场合上承认。

　　在本书的开头，我说过，我借助认知行为治疗和古代哲学，
成功克服了在我青少年时期困扰我的情绪障碍。这是真的，但
并非全部真相。实际上，最初帮助我看透我的问题的是你可以
称之为幻觉或濒死体验的东西。2001 年，我前往挪威，我的一
些家人来自那里，我去那里的山区滑雪。到的第一天早上，我
从一个危险的斜坡的栅栏处跌落，摔了大约 30 英尺远，摔断了
左腿和三处椎骨，陷入了昏迷。醒来后，我看到了一束明亮的
白光，感到充满狂喜。在那之前，我已经患了创伤后应激障碍
好几年了，我担心我会受到永久性伤害，余生都将带着心理上
的伤痛。但那时，在山上躺在我自己的血泊里，我确信我们身
上都有一种不会被损害的东西，一种总是伴随我们的无价的、
不会受到伤害的东西。我们忘记了我们身上的精神财富，结果
我们去乞求别人的赞同和外界对我们自我价值的确认。在那一
刻，我意识到，不需要担心，不需要去乞求。别人的赞同或不
赞同都不能增添或拿走我们内在的财富。我只需要相信它，放

松下来，不需要再焦虑地从外界获取。

接下来的几周和几个月里，我感觉很好。我住在医院里，伤口包扎着，非常虚弱，但是在心理上，我感到康复了，感觉自己很强壮，充满爱意（哪怕在我没注射吗啡的时候）。在我摔倒后的几周里，我得知古代哲学，尤其是苏格拉底和斯多葛派描述过这种体验，他们说要信任自身的灵魂，而不是向外界获取。蒙田说："我们都比自己以为的更富有；但是我们被教导去借，去乞求……但是我们不需要什么教条。苏格拉底教导我们说，它就在我们身上，找到它并学会使用它。"但几个月后，这种体验从我的记忆中消退了。我又被生活困扰了，我感到过去的一些恐惧、焦虑和抑郁的念头又回来了。我认识到最初的顿悟还不够，我需要更系统地把这些洞察变成新的不假思索的习惯。所以我就尝试了认知行为治疗的课程，发现这些课程从古代哲学学习了很多东西。就这样，我开始写这本书：这全都是因为我滑雪时没能顺利地从山上滑下来。

我不知道那天我身上发生了什么事情，我真的不知道。我能想出几种世俗的解释：也许这一意外最后给了我一个机会让别人照顾我，以前我一直克制着，没跟我的朋友和家人说过我的抑郁症。也许这次意外冲击了我的大脑，激发了它天生的再生能力。我还想到了灵性的解释：上帝帮助了我，或者我的守护神，或者当地的山神帮助了我。我真的不知是怎么回事。但是有那么一刻，我确信我们身上有一种东西永远都不会死，它是纯粹意识和爱。我希望我能再次感觉到它。

课外辅导

改进自我的动力来自情绪

在第一篇附录中，我想回到第一章，进一步挑战一下苏格拉底和他的后继者在评价人类的理性时过于乐观的问题。苏格拉底提出，我们能够认识自己，我们能够改变自己，能够通过每天练习哲学而变得更聪明、更幸福。这是古代哲学和认知行为治疗最核心的理念。但这是真的吗？

这种观念在过去20年间遭受了接连不断的批评。丹尼尔·卡尼曼、约翰·巴奇和丹·艾瑞里等心理学家认为，虽然人类确实拥有意识、自我反思和理性选择能力，但这些能力很有限、很弱小。这些心理学家提出，人类拥有两套思考系统：有意识的、理性的、缓慢的系统，以及无意识的、非理性的、快速的系统。我们用自觉-反思系统完成更高级的任务，如数学、为将来制订计划、谈判和情绪控制。但是我们更多的是使用自动-情绪系统，因为它更快，消耗的能量更少。卡尼曼、巴奇、艾瑞里等人已经证明,我们的思考有很多是自动的。许多情况下,我们以为我们在做有意识的、理性的决定时,我们其实是在听从自动无意识的暗示或偏见。我们不知道自己在干什么,或者我们为什么要那么做。我们的意识系统以为它在掌管,但其实不然。它不是我们的灵魂的舵手,更像是一个无助的乘客。

至此,我完全赞同。古希腊人也会赞同。他们当然认为人类并不是天生拥有完美的理性、自主的动物。柏拉图坚持认为,我们的心灵中有理性和非理性的系统,非理性系统通常处于统治地位。亚里士多德也是这样认为,他提出,我们的心灵非理性的部分"打击和抵制"理性的部分,以致当我们的理性想往这一边走时,我们非理性的心灵把我们拉向另一边。爱比克泰德认为,人类的大部分行为都完全是非理性的。他对学生说:"我们是随机的、轻率的……某种印象涌上我的心头,我就立刻按照它行动了。"苏格拉底虽然比他的后继者更加乐观,但仍然坚持认为大部分人终生都是在梦游,从未停下来问自己他们为什么要做他们正在做的事情。古希腊人对未经训练的人性非常悲观,但是他们表达了谨慎的乐观,认为人类在做出反应时可以被训练得更理性、更清醒、更冷静。

我之前说过,这涉及心灵两套系统的双层运作。首先,你可以用苏格拉底式的询问和记日记等技巧,把你无意识的信念和反应带进意识。然后你用记忆、重复、榜样等技巧,把你新的理性的洞见变成无意识的思考方式和行为习惯。所以哲学跟意识—反思系统和自动—情绪系统一起工作。它使有意识的变成无意识的，使无意识的变成有意识的。它还会使用文化——大部分希腊哲学都认为，我们应该建立哲学团体甚至哲学社会，把观念变成集体的社会行为习惯。

这是不是一个遥不可及的计划？我认为不是。它是认知行为治疗的基础，认知行为治疗对后来的认知心理学家如卡尼曼、巴奇和艾瑞里产生过很大的影响。巴奇在 20 世纪 70 年代通过对无意识自我交谈的研究，提出了后来的心理学家仰赖的自动心灵的概念。认知行为治疗已经证明，人们可以学习如何意识到他们不假思索的信念，并学习如何理性地挑战这些不假思索的信念，然后养成新的不假思索的信念和习惯。通过这一过程，他们能够学会以另一种方式思考世界，以另一种方式对世界做出反应，由此克服抑郁和社交焦虑等情绪障碍。对此，我有亲身体会。我在采访时向卡尼曼、巴奇和艾瑞里阐述了这种谨慎的乐观主义。他们好像都同意我的看法。卡尼曼说："说到认知行为治疗，没错，显然人们是可以被训练的，系统（自动—情绪系统）能被改进。实际上，我们一直在学习、在适应。认知行为治疗是一种让情绪反应改变的方法。这确实是可以训练的。"

那么，为什么人们能够通过认知行为治疗克服导致抑郁和焦虑的认知偏见，却不能克服卡尼曼和艾瑞里在实验室实验中发现的经济学上的偏见呢？我认为，这取决于这样的偏见会让你付出多大的代价。卡尼曼、巴奇和艾瑞里考察的是在实验室中做出的决定，受试者被问的是数学问题，或者假说的情境。在这种情况下，人们总是一次次地犯同样的认知错误。但这些错误没有使他们在个人成长方面付出任何代价，不像那些会导致严重的抑郁、焦虑、愤怒、酗酒的认知偏见。如果你的认知偏见会令你的脾气变得很差，继而破坏你的人际关系，那么这种偏见真的会令你在个人成长方面付出代价。类似地，如果你习惯性地误解你爱人的行为，使它们符合嫉妒"叙事"，因此不停地疏远你的配偶，这种认知偏见在让你付出代价，你就会有强烈的去改变它的动机。

换言之，我认为人类确实有能力去纠正他们的习惯性认知谬误，如果这些谬误既是错的，又破坏了他们的个人成长。但这很困难，需要大量的精力、努力和谦卑（没人愿意承认他们是错的）。所以只有在真的必要时，人们才会这样做，当他们当前无意识的自发反应明显在伤害他们的时候。在这种情况下，我们能够改变我们的错误。这说明情绪对哲学修炼来说很关键。我们只有在有动机、有改变自己的情绪推动力时，才会动手去改变自己，这种情绪推动力可能源于人生中的危机和我们的人际关系，源于我们的理性告知我们说我们目前的人生轨迹错得离谱。

有趣有用的苏格拉底传统

在本书中我提出了一种"有限普遍主义",认为苏格拉底及其继任者提出的情绪认知理论（苏格拉底传统的步骤一、二和三）符合人类本性的生物学事实，不管我们的文化有多么特殊。但是，我还一直努力说明，这一传统到了第四步，关于幸福生活的定义时，就走上了不同的方向，如果认为所有的幸福生活理论都是客观真实的，应该强加给整个社会——这是很危险的。

但是，有的读者可能会对我的主张中的有限普遍主义、本质论和非历史主义提出异议。我真的认为苏格拉底的传统符合，一直符合、将来也会符合人性吗？这不是把西方个人主义、理性主义的伦理学强加到无数种人类经验上吗？我会做出三点答复。首先，我的理论并不全是非历史的、普遍的，我并不认为苏格拉底式的对情绪的看法适合原始的、万物有灵论文化。苏格拉底代表了西方文化中晚近才出现的后万物有灵论世界观的一个关键时刻。他是一种转变的标志，以前，像万物有灵论者一样，人们把人的激情理解为精灵们引起的体验，从苏格拉底起，人们把人的情绪理解为个人自己的信念的产物，它是人自己能够控制的。这一时刻是自我和个体责任的诞生。在万物有灵论文化中，情绪障碍被外在化，被归为精灵的作用，治疗方法也被外在化，要由萨满来执行。在后万物有灵论文化中，情绪障碍被归结为个人自己的信念，治疗方法由他自己来执行，或者由他自己跟心理治疗师一起执行。这两种办法也许都有效，把后万物有灵论的世界观输入到万物有灵论文化中并不一定合适。所以，在这种意义上，苏格拉底式传统不是普遍的、非历史的，而是出现于人类进化的特定阶段（是非常晚近的现象，只有2 000年左右的历史）。

其次，苏格拉底式的传统本身是历史的，在不同时期采取了不同的形式。雅典人的斯多葛派不同于罗马人的斯多葛派，后来的每个年代都形成了它自己版本的哲学——苏格拉底传统下的其他哲学流派也是这样。这些版本可能都遵循了苏格拉底传统的前三步（人类能认识自己、改变自己并养成新的思考、感觉和行为习惯），但是它们将会依照个人的性格和时代的环境，在第四步分道扬镳。

最后，苏格拉底式方案依赖的情绪认知理论不只出现于西方哲学中，所以我认为它并不全是西方人的建构。在其他哲学传统中，尤其是佛教中明显能看到它。《法句经》的第一页上，佛就说："他骂我，他打我，他击败我，他抢我——怀着这种想法的人将永远带有恨意。"佛教好像还跟斯多葛派一样有圣人理想，把自己变成抵抗激情的堡垒：佛说圣人"把自己的想法变得像堡垒一样坚固"，马可·奥勒留也说要撤退到心灵的内部堡垒中。这两种传统都说，我们应该把自己从对外界事物的依附和厌恶中解脱出来，这样才能在任何条件下都做到平静、仁慈。这两种传统都强调要警觉、守护你的心灵，不要被自动的情绪反应冲昏头脑（这也是犹太教、基督教和伊斯兰教的一个主题）。但是佛教值得赞扬的是发展出了一个一整套提升心灵技巧武器库，其广度是古希腊人没有意识到的，虽然他们表示灵魂的词pneuma也有"宽度"之意。许多现代斯多葛派在练习时冥想，我们已经知道，古希腊人和佛教徒的治疗技巧在认知行为治疗中有一致性。伊壁鸠鲁派以及斯多葛派专注于当下的技巧，以及"不要提起已经结束的痛苦"，佛教中都有对应的说法，尤其是禅宗。怀疑论者超越一切心灵建构的技巧在东方哲学中也有共鸣——实际上，皮浪就是在跟亚历山大大帝一起去印度时萌生他的怀疑论哲学的。

但是，佛教和苏格拉底传统也有一些重要的差别。同情在苏格拉底传统中不是主要的角色，而培养同情心是佛教传统的重要部分。佛教本来是一种僧侣哲学，鼓励其信徒脱离社会，建立他们自己的宗教团体——这跟斯多葛派不同，斯多葛派的追随者积极参政，但跟毕达哥拉斯派类似，他们像佛教徒一样相信转世。最后，佛教努力要做而古希腊哲学家从没做过的是，把其信仰和神话、仪式、大众节日结合了起来，因此佛教今天仍然是一种大众宗教、一种活跃的传统。

我们还可以看到赫拉克利特和斯多葛派的逻各斯类似于道教的道。赫拉克利特和老子大概是同时代人，他们都说到对立统一的神圣的自然法则。他们都提出，圣人超越了二元对立，使自己跟自然的兴衰和流变保持一致。二者都提出，圣人应该脱离政治，隐居起来。老子在中国思想中的强大对立者孔子与亚里士多德类似：亚里士多德和孔子都强调，使美德成为习惯能完善我们的本性，他们都很乐观地认为政治和哲学能够携手令大众更幸福。中国政府对孔子的复兴和幸福政治的接纳，类似于西方政策制定者重新发现亚里士多德。

基督教、犹太教和伊斯兰教的宗教典籍中都有人努力把他们自己的传统跟苏格拉底传统结合起来，如犹太教中的亚历山大里亚的斐洛；伊斯兰教中的肯迪、阿维森纳和阿维罗伊世德；以及基督教中的亚历山大里亚的克莱门特和托马斯·阿奎那。这些宗教中都有人批评苏格拉底传统对人类理性太过乐观，相信尘世幸福的可能性。圣约翰说耶稣是道成肉身，他既是哲学家又是预言家。我们可以比较他传递的"天国在自身"这一福音和苏格拉底的使人们认识自己。耶稣所说的房子建在磐石和沙子之上的寓言也让我们想起马可·奥勒留的命令：要像被波浪冲击的山崖，稳固地挺立。中世纪的基督教赞颂斯多葛派，把塞内加奉为圣人，斯多葛的上帝之城的概念影响了基督教，尤其是圣奥古斯丁。

但它们之间也存在巨大的差异：耶稣好像认为末日即将来

临，人类在迈向善恶之间的最终决战。他显然也相信魔鬼，撒旦是被派来考验人性的。这都跟希腊哲学乐观的理性有着很大差别。耶稣的门徒，从圣保罗起，表现了对学习的敌意，这种态度在狂欢式的反智主义运动中达到了顶点，如洗劫亚历山大图书馆，杀害古代最伟大的哲学家之一希帕蒂亚（公平地讲，罗马人，包括马可·奥勒留，都曾杀害基督徒）。虽然基督教跟斯多葛派一样，以为人类都是手足，但仍保留了《圣经·旧约》中的好斗的部落特征：如果你不接受耶稣基督是上帝唯一的儿子，是通往天堂唯一的大门，那你就永远待在地狱。我从来不相信这些。但是我认识到，论创建精神团体，用集体灵修、神话、仪式和节日把这个团体凝聚起来，鼓励慈善活动，基督教把希腊哲学远远地甩在了后面。

概括地说，我认为情绪认知理论符合我们的生物本性。因此，苏格拉底传统，包含许多有趣的以这个理论为基础的自我转变和社会转变观念与技巧，对许多文化来说都可能是有趣的、有用的。然而，对苏格拉底传统也有一些有效的批评，比如过于强调自足、理性的个人，缺少同情和慈善观念——我在本书中已经批评过了。实际上，西方哲学中有一个跟苏格拉底传统完全相反的传统，我们将在最后一篇附录中考察它。

附录三

让理性放假，在音乐里活！

最后，我想谈谈一种跟苏格拉底传统敌对的、批判它的哲学传统，我称之为"狄奥尼索斯传统"，包括威廉·布莱克、尼采、J·G·哈曼、D·H·劳伦斯、卡尔·荣格和亨利·米勒等浪漫主义思想家。

苏格拉底传统的美德是自我控制、理性、自我意识和慎重。苏格拉底传统尤其提出了灵魂的等级，其中灵魂的意识、理性部分是最高的，直觉、情绪和欲望部分被认为是最低的。根据这种等级划分，苏格拉底和他的弟子们提出，最高级的存在是哲学家的理智，而不是艺术家、士兵或恋人们的身体或直觉生活。狄奥尼索斯传统赞美一种非常不同的生活方式。苏格拉底劝诫人们要自我控制，狄奥尼索斯则鼓励人们放纵于性、音乐、舞蹈和狂欢。苏格拉底劝诫人们要理智、慎重，狄奥尼索斯则鼓励人们超越一切限度和束缚。他还有一个名字叫holysios——带来解放的人。他把我们从一切谨慎、小心和节制中解放出来。

苏格拉底劝诫人们获得有意识的、拥有科学知识的自我，狄奥尼索斯的追随者则赞美无意识和直觉的力量——劳伦斯称之为"血性意识"，还赞美对活力和愉悦的深度感受，当我们跳舞、做爱或陶醉时获得的那种感受。狄奥尼索斯和他的追随者会嘲笑苏格拉底以及和他一伙的哲学家，嘲笑他们荒唐地声称"未经省察的生活不值得过"，相反，他们会提出，你越省察生活，生命在你的显微镜下越枯萎、无趣。

他们会说，你最不应该向哲学家打听人生建议。瞧瞧他们，瘦弱、苍白、结结巴巴，看上去就不健康，明显与社会脱节。大自然用虚弱和怯懦折磨他们，所以他们就编造了他们自己人为的、自我意识版的幸福，由此来报复大自然。这些哲学家一边咳嗽一边说，"只有美德才是幸福。"但是我们狄奥尼索斯派知道他们在撒谎，我们知道真正的快乐源于身体，源于打猎、跳舞和爱情。下回哲学家让你去练习理性和自我控制，你就嘲笑他们，揪他们的胡子。

我以前喜欢狄奥尼索斯传统。我大学时学习英国文学，我最喜欢的书是劳伦斯的《虹》和尼采的《悲剧的诞生》。尼采这本书激愤地批评苏格拉底乐观主义的理性论，他指责说这种理论砍断了我们以前拥有的跟狄奥尼索斯悠久、深厚的联系。我们应该反抗苏格拉底造成的启蒙运动理性观，回到狄奥尼索斯的直觉、身体、无意识的世界。那时，这种观点听上去让我觉得很正确（现在我觉得有趣的是，劳伦斯和尼采这两个多病、书生气的知识分子竟然如此推崇身体、力量和活力）。

　　但不幸的是，我青春期狄奥尼索斯式的反叛让我受到了伤害。对开派对来说，狄奥尼索斯很有好处，但是他永远都不会去结账。我患上创伤后应激障碍后，又去向我最喜欢的作家劳伦斯寻找建议。我觉得我患的是劳伦斯所说的现代文明最大的疾病：思考过度。我陷入了自己的意识之中，陷入了反复出现的消极思想，断绝了与我的无意识、我的血性意识这一活力源泉的联系。我要是能停止思考该多好！那么该怎么治疗呢？劳伦斯诊断出了病症，但是他没有治疗方法。他在小说中毫不同情那些患上了神经官能症和有精神创伤的人。我们在他的书中经常会遇到受了精神创伤的人（他写于第一次世界大战期间，那时许多年轻人带着精神创伤回到了家），我们经常被告知，这些人"崩溃了""死了""空洞""被毁了"，他们毫无希望；他们也许应该被带出悲惨的境地。这对我来说没有多大的安慰。这让我认为，我也没什么希望了，我应该自杀。但是我没有。相反，几年之后，多亏了古希腊哲学和认知行为治疗，我好多了，这两种东西让我发现，我的病因不是我狄奥尼索斯式的生命活力出现了问题，而是由于我的信念有问题。通过苏格拉底式的自我省察，我意识到了我自己的信念，并学习如何挑战它们，改变它们。我经由苏格拉底而非狄奥尼索斯康复了。

　　劳伦斯会不喜欢认知行为治疗。他会说，"全都在头脑，在理性中，它跟我们的生命之血这一深厚的源泉断了联系。它不是我们现代疾病的治疗方法——它本身就是疾病。这只是又一种用技术层面上的理性控制我们的野兽灵魂的尝试。"类似地，尼采会对积极心理学及其对幸福的崇拜感到惊愕。他会喊道：
"他们是历史上最后的人。在《诸神的黄昏》中，他们发明了对
幸福老套的崇拜。"我对这一观点有些同感。人类灵魂中并非所
有的东西都是可以用计算机问卷加以量化的，然而，我认为劳
伦斯、尼采、荣格和那一时期的其他非理性主义者本末倒置了。
我们的无意识、我们的梦境、我们的自动—情绪系统，听从我
们的思想和信念。如果我们的信念有害，那么我们的整个精神
生活都会出问题。如果我们想变得更健康，我们不能采取这样
的办法——试图不再思考，试图回到一种原始的无意识，像劳
伦斯努力做的那样。答案不是逃离有意识的思考，答案是停止
愚蠢、糟糕、破坏性的思考。当我们这样做时，我们就能够把
自己从过度思考中解放出来。我们可以想得少一点儿，单纯地
享受当下，享受身体。

　　苏格拉底也需要从狄奥尼索斯那里借鉴一些东西。在临终
前，苏格拉底对他的弟子们说，他屡次在梦里听到一个督促他
的声音，叫他去"创作音乐、传承音乐"。他不明白这个梦的含
义，但也许这个梦是在告诉他，只有理性哲学还不够，有时我
们还要向我们的本性中更狂野的那些神致敬。